Estadística para Criminólogos

2ª edición

Dirección

Carmen Dolores Ramos González (UCA)

carmen.ramos@uca.es - https://orcid.org/0000-0002-0134-605X

Comité científico

Matemáticas

Ángel Berihuete Macías (UCA)

angel.berihuete@uca.es - https://orcid.org/0000-0002-8589-4423

Antonia Castaño Martínez (UCA)

antonia.castano@uca.es - https://orcid.org/0000-0001-6738-6225

Carmen Dolores Ramos González (UCA)

carmen.ramos@uca.es - https://orcid.org/0000-0002-0134-605X

Alberto Vigneron Tenorio (UCA)

alberto.vigneron@uca.es - https://orcid.org/0000-0003-4583-0852

Física

Antonio Gámez López (UCA)

antoniojuan.gamez@uca.es - https://orcid.org/0000-0002-4542-9885

Juan María González Leal (UCA)

juanmaria.gonzalez@uca.es - https://orcid.org/0000-0003-1077-2197

Francisco F. López Ruiz (UCA)

paco.lopezruiz@uca.es - https://orcid.org/0000-0001-6002-9620

Comité asesor

Matemáticas

Evelia García Barroso (ULL)

ergarcia@ull.es - https://orcid.org/0000-0001-7575-2619

Ignacio Ojeda Martínez de Castilla (UEx)

ojedamc@unex.es - https://orcid.org/0000-0003-3173-5934

Gabriel Ruíz Garzón (UCA)

gabriel.ruiz@uca.es - https://orcid.org/0000-0003-0639-3776

Isabel María Sánchez Muñoz (US)

isanchez@us.es - https://orcid.org/0000-0002-2489-6126

Antonio Suarez Fernández (US)

suarez@us.es - ttps://orcid.org/0000-0002-6407-7758

Física

Luis Lafuente Molinero (UCA)

luis.molinero@uca.es - https://orcid.org/0000-0003-1041-5253

Marta Marcos Moreno (CSIC-UIB)

marta.marcos@uib.es - https://orcid.org/0000-0001-9975-5013

Alberto Palmero Acebedo (CSIC-ICMSE)

alberto.palmero@icmse.csic.es - https://orcid.org/0000-0002-1100-6569

Luis Manuel Sarro Baro (UNED)

lsb@dia.uned.es - https://orcid.org/0000-0002-5622-5191

Estadística para Criminólogos

Ángel Berihuete Macías

Carmen Ana Domínguez Bravo

Juan Antonio García Ramos

Carmen D. Ramos González

Existe una versión electrónica de este mismo libro

Estadística para criminólogos. 2ª ed.

«Esta obra ha superado un proceso de evaluación externa por pares»

Estadística para criminólogos. 2ª ed.:

Edita: Editorial UCA
Servicio de Publicaciones de la Universidad de Cádiz
C/ Doctor Marañón, 3 - 11002 Cádiz (España)
www.uca.es/publicaciones
publicaciones@uca.es

@Servicio de Publicaciones de la Universidad de Cádiz
@Ángel Berihuete Macías
Carmen Ana Dominguez Bravo
Juan Antonio García Ramos
Carmen D. Ramos González

ISBN: 978-84-9828-965-7
e-ISBN: 978-84-9828-966-4
Depósito legal: CA 21-2025
Imprime: Encumar
Diseño: Servicio de Publicaciones de la Universidad de Cádiz

UNIÓN DE EDITORIALES
UNIVERSITARIAS ESPAÑOLAS

-Eso es. El método consiste en reducir todos los acontecimientos del mismo tipo a un cierto número de casos igualmente posibles; y luego establecer entre ellos el mayor número de casos favorables al acontecimiento cuya probabilidad se busca... La relación entre esos casos favorables y todos los casos posibles nos da la medida de esa probabilidad. ¿Lo comprende?

-Sí... Más o menos.

Arturo Pérez Reverte, El asedio

Índice general

1. **Estudio descriptivo unidimensional de la actividad criminológica**   **3**
   1.1. Introducción a la Estadística Descriptiva 3
   1.2. Distribuciones de frecuencias 5
   1.3. Representaciones gráficas 9
   1.4. Medidas centrales 15
      1.4.1. La media aritmética. Propiedades 15
      1.4.2. La mediana 20
      1.4.3. La moda 24
   1.5. Medidas de posición no centrales 26
   1.6. Medidas de dispersión 30
      1.6.1. Medidas de dispersión absoluta 31
      1.6.2. Medidas de dispersión relativa 37
   1.7. Otros detalles de interés 40
      1.7.1. Efecto sobre la media aritmética de una transformación lineal 40
      1.7.2. Efecto sobre la varianza de una transformación lineal . 41
      1.7.3. Normalización o tipificación 43
      1.7.4. Simetría 44
      1.7.5. Diagrama de caja 52

2. **Estudio descriptivo bidimensional de la actividad criminológica**   **55**
   2.1. Introducción 55
   2.2. Distribuciones marginales y condicionadas 59
   2.3. Independencia de variables estadísticas 62
   2.4. Dependencia lineal 63

	2.4.1. Covarianza	63
	2.4.2. Coeficiente de correlación lineal	65
2.5.	Regresión lineal	65
2.6.	Correlación	68
2.7.	Análisis cualitativo de la Criminología	73
	2.7.1. Medidas de asociación a nivel nominal	74
	2.7.2. Medidas de asociación a nivel ordinal	79

3. Comparaciones transversales y longitudinales de datos criminológicos 83

3.1.	Conceptos básicos: Números índices, tasas y razones	83
3.2.	Tasas de incidencia y de prevalencia	86
3.3.	Introducción a las series temporales	89
3.4.	Análisis de la tendencia de una serie temporal	91
	3.4.1. Método de las medias móviles o método mecánico	91
	3.4.2. Método de ajuste analítico	95

4. Probabilidad y Criminología 101

4.1.	Introducción	101
4.2.	Experimentos aleatorios. Definiciones	102
4.3.	Diversas concepciones de probabilidad	106
4.4.	Probabilidad condicionada	108
4.5.	Independencia de sucesos	111

5. Modelos probabilísticos en Criminología 119

5.1.	Introducción	119
5.2.	Variables aleatorias	120
	5.2.1. Variables aleatorias discretas	124
	5.2.2. Variables aleatorias continuas	127
5.3.	Características de las variables aleatorias	129
5.4.	Modelos probabilísticos	131
	5.4.1. La distribución o modelo Binomial	132
	5.4.2. La distribución o modelo de Poisson	135
	5.4.3. La distribución o modelo Normal	138
	5.4.4. Teorema Central del límite	142

6. Introducción a la inferencia. Muestreo   **145**

    6.1.   Introducción 145

    6.2.   Tipos de Muestreo 150

    6.3.   Muestreo en poblaciones normales 151

        6.3.1.   Distribución χ^2 de Pearson 151

        6.3.2.   Distribución de la cuasivarianza muestral 152

        6.3.3.   Distribución t de Student 155

        6.3.4.   Distribución de la media muestral 155

        6.3.5.   Distribución de la diferencia de medias muestrales . . 157

        6.3.6.   Distribución F de Snedecor 158

        6.3.7.   Distribución del cociente de varianzas muestrales . . . 159

7. Estimación por intervalos de confianza en una población   **161**

    7.1.   Introducción. Estimación puntual 161

        7.1.1.   Método de los momentos 162

    7.2.   Estimación por intervalos de confianza 163

        7.2.1.   Concepto de intervalo de confianza 163

        7.2.2.   Método del pivote 165

    7.3.   Intervalos de confianza en poblaciones Normales 165

        7.3.1.   Intervalos para la media 166

        7.3.2.   Intervalo de confianza para la varianza 172

    7.4.   Intervalo de confianza para la proporción en una población
Bernoulli 175

    7.5.   Cálculo del tamaño muestral 179

        7.5.1.   Estimación de la media poblacional 180

        7.5.2.   Estimación de la proporción de una Bernoulli 182

        7.5.3.   El caso de poblaciones finitas 183

8. Estimación por intervalos de confianza en dos poblaciones   **187**

    8.1.   Intervalos de confianza en poblaciones Normales 187

        8.1.1.   Intervalos para la comparación de medias 188

        8.1.2.   Intervalo para la comparación de varianzas 195

        8.1.3.   Intervalo para la comparación de medias con muestras
pareadas 197

    8.2.   Intervalo de confianza para la diferencia de proporciones . . . 200

9. **Contrastes de hipótesis paramétricas en una población**   **207**
   9.1.   Introducción a los contrastes de hipótesis paramétricas 207
   9.2.   Pasos para la realización de un contraste 211
   9.3.   Contrastes de hipótesis en poblaciones Normales 214
     9.3.1.   Contrastes para la media 214
     9.3.2.   Contrastes para la varianza 222
   9.4.   Contrastes para la proporción en una población Bernoulli . . . 226
   9.5.   Relación entre intervalos y contrastes 229

10. **Contrastes de hipótesis paramétricas en dos poblaciones**   **231**
   10.1.   Contrastes de hipótesis para dos poblaciones Normales 231
     10.1.1.   Contrastes para la comparación de medias 231
     10.1.2.   Contrastes para la comparación de varianzas 240
     10.1.3.   Contraste para la comparación de medias con muestras pareadas 244
   10.2.   Contrastes para la comparación de proporciones 247

Apéndice A.   Primeros pasos en R   **251**
   A.1.   ¿Por qué utilizamos R? 251
     A.1.1.   ¿Qué es R commander? 253
   A.2.   El paquete R-UCA 253
     A.2.1.   Instalación del paquete y primera pantalla 254
     A.2.2.   Instalar paquetes adicionales 255
   A.3.   El conjunto de datos 256
     A.3.1.   Carga de datos de forma manual 256
     A.3.2.   Carga de datos mediante importación 261
     A.3.3.   Carga de datos mediante paquetes instalados 263
   A.4.   Modificación del conjunto de datos 264
     A.4.1.   Recodificar variables 264
     A.4.2.   Calcular una nueva variable 265
     A.4.3.   Convertir variable numérica en factor 266
     A.4.4.   Segmentar una variable numérica 267

Recursos bibliográficos   **269**

Prólogo

En los últimos años la estadística ha crecido en importancia en casi todos los campos del saber. Cada vez más necesitamos razonar y adoptar decisiones usando datos y análisis estadísticos.

Weisburd y Britt afirman en su Statistics in Criminal Justice (2007), "*Without statistics, conducting research about crime and justice would be virtually impossible.*" De una forma más cercana, en el documento Experiencias y buenas prácticas en gestión de calidad aplicadas a la administración de justicia, información y transparencia judicial y atención al ciudadano, dirigido por Pastor y Robledo (2006), se indica que "*Disponer de una buena información estadística y usarla de manera intensiva y eficiente es una necesidad ineludible para la mejora de la gestión de la justicia. Es también una obligación de cara a la sociedad a la que se debe rendir cuenta de su funcionamiento.*"

Esto no quiere decir que el profesional del mundo jurídico/criminológico lo tenga asumido, ya que como señalan De Benito y Pastor (2001) en su artículo La Estadística como instrumento de la Política Judicial (en Los problemas de la investigación empírica en criminología. La situación española), "*La subestimación de la información empírica y, en particular, de la información estadística está todavía muy arraigada en la tradición jurídica.*" Pero incluso llegan a ser más contundentes cuando dicen "*La información estadística ... es ... estrecha de miras, dispersa, tardía y costosa. ... Seguramente el problema más importante al que se enfrenta cualquier estudioso de la actividad judicial en nuestro país es la enorme deficiencia de sus estadísticas.*"

Es evidente que el progreso vendrá en parte, sin duda alguna, apoyado en una adecuada utilización de las cada vez más numerosas colecciones estadísticas de datos.

Para contribuir a la formación de los futuros profesionales de la criminología, esta publicación pretende ser un texto básico para las asignaturas de Estadística, que forman parte de los programas de los Grados en Criminología o en Criminología y Seguridad. Su objetivo es que el estudiante disponga de forma ordenada y resumida de las nociones fundamentales del universo estadístico, con una exigencia mínima de requisitos matemáticos. Se ha cuidado de manera especial que la mayoría de los ejemplos aclaratorios de los diferentes conceptos, procedan de situaciones reales. Esto motivará al estudiante y le hará ver aplicaciones de las técnicas estadísticas en lo que va a ser su mundo profesional futuro.

Por otro lado, nos parece prioritario que el estudiante de Criminología adquiera competencias en el manejo de una herramienta informática que le ayude a la resolución de problemas que, en general, implican el uso de fuentes de datos relacionadas con la criminología.

Entre la gran variedad de software estadístico existente hoy en día, nosotros hemos optado por el proyecto de estadística computacional R junto con la interfaz de usuario R commander. La decisión se ha basado en diferentes razones. En primer lugar se trata de un software gratuito, pero, además, los análisis realizados pueden ser reproducibles desde el punto de vista científico, tiene unos excelentes sistemas tanto de ayuda como gráfico y, por último, se puede migrar fácilmente de software comercial (SPSS, Statgraphics, S-Plus) a R. Además nos parece oportuno señalar que la Universidad de Cádiz, y en concreto su Departamento de Estadística e Investigación Operativa, lleva años trabajando en el paquete estadístico R y la interfaz gráfica R commander, creando, a partir de ella, un proyecto propio llamado R-UCA, disponible para Windows y Linux.

Para finalizar queremos señalar que este Prólogo quedaría incompleto si no agradeciéramos sinceramente los trabajos, indicaciones y reflexiones de todos los autores referenciados. Pero nuestro agradecimiento debe dirigirse también a aquellos alumnos que ya estudiaron estas asignaturas y las enriquecieron con sus comentarios y sugerencias. Sin ellos no hubiera sido posible la elaboración del presente manual.

Capítulo 1

Estudio descriptivo unidimensional de la actividad criminológica

Contenidos

1.1.	Introducción a la Estadística Descriptiva	3
1.2.	Distribuciones de frecuencias	5
1.3.	Representaciones gráficas	9
1.4.	Medidas centrales	15
1.5.	Medidas de posición no centrales	26
1.6.	Medidas de dispersión	30
1.7.	Otros detalles de interés	40

1.1. Introducción a la Estadística Descriptiva

El *método estadístico*, dentro del método científico, consiste en una serie de pasos que nos permitan llegar al verdadero conocimiento estadístico.

Las principales etapas del método estadístico son:

(a) Recolección de datos.

(b) Ordenación y presentación de los datos en tablas simples o de doble entrada.

(c) Determinación de medidas o parámetros que intenten resumir la cantidad de información.

(d) Formulación de hipótesis sobre las regularidades que se observen.

(e) Por último, aplicación del análisis estadístico formal que permita verificar las hipótesis formuladas.

El presente tema se ocupa de las etapas (b) y (c) del método estadístico.

Definición 1.1 *Se llama población o universo a todo el conjunto de individuos o elementos que participan de la característica objeto de estudio.*

Definición 1.2 *Cualquier subconjunto representativo de la población se denomina muestra.*

Definición 1.3 *La Estadística Descriptiva trata de organizar, representar y resumir un conjunto de datos de manera que pueda ser extraída la máxima información procedente de ellos.*

Definición 1.4 *Se conocen como variables estadísticas a las características que poseen los elementos de una población y que van a ser objeto de estudio estadístico.*

Las variables a analizar pueden ser de diferentes tipos:

- **Cualitativas** o **atributos**: son variables no expresables numéricamente. (Ejemplo: "Lugar de procedencia de los condenados en España durante un año determinado" o "Nivel de estudios de los reclusos de cierto centro pentenciario")

- **Cuantitativas**: pueden ser expresadas numéricamente. Las variables cuantitativas se subdividen en:

  (i) Cuantitativas **Discretas**, si el conjunto de sus posibles valores tiene cardinal finito o infinito numerable. (Ejemplo: "Número de expedientes resueltos durante un año por los jueces y magistrados de cierta comunidad autónoma")

(ii) Cuantitativas **Continuas**, si pueden tomar los infinitos valores de un intervalo. (Ejemplo: "Distancia estimada desde la que se realizó un disparo"). A veces, por cuestiones prácticas, conviene discretizar este tipo de variables (Ejemplo: "Antigüedad en el cuerpo de jueces y magistrados, expresada en años")

Las variables estadísticas suelen representarse con letras mayúsculas del final del alfabeto: X, Y, Z, ... Los valores que toman (es decir, los datos) los escribiremos con letras minúsculas: x_1, x_2, x_3, ... ; y_1, y_2, y_3, ... o z_1, z_2, z_3, ...

Ejemplo 1.1.1

X= "Número de expedientes resueltos durante el año 2006 por cada uno de los 4 543 jueces y magistrados en los diferentes órganos judiciales que formaban la plantilla a 1 de enero de 2007"

x_1= 206 expedientes, x_2= 124 expedientes, ... , x_{4543}= 338 expedientes.

1.2. Distribuciones de frecuencias

A partir de un conjunto de datos queremos clasificarlos de modo que la información contenida en ellos quede presentada de forma clara, concisa y ordenada. Si representamos por N al número total de datos, entre los que consideraremos que hay k valores distintos $x_1, x_2,..., x_k$ (que en el caso de las variables cuantitativas se presentarán ordenados de menor a mayor), se conoce como frecuencia:
(a) Absoluta del valor x_i, al número de veces que se presenta dicho valor en el conjunto de datos. Se representa por n_i.
(b) Absoluta acumulada del valor x_i, al número de datos que hay iguales o inferiores a x_i. Se representa por N_i.
(c) Relativa del valor x_i, al cociente $\dfrac{n_i}{N}$. Se representa por f_i.

(d) Relativa acumulada del valor x_i, al cociente $\dfrac{N_i}{N}$. Se representa por F_i.

Llamaremos distribución de frecuencias al conjunto de los valores que presenta una variable estadística junto con sus frecuencias. De modo resumido escribiremos $\{(x_i; n_i)\}_{i=1,2,...,k}$, donde n_i es la frecuencia absoluta del valor x_i,

$N = \sum_{i=1}^{k} n_i$ es el número total de datos o la frecuencia total, y k es el número de categorías o clases.

Para presentar los resultados se acostumbra a usar la llamada tabla estadística, de la forma siguiente:

x_i	n_i	N_i	f_i	F_i
x_1	n_1	N_1	f_1	F_1
x_2	n_2	N_2	f_2	F_2
$\vdots$	$\vdots$	$\vdots$	$\vdots$	$\vdots$
x_k	n_k	N_k	f_k	F_k

Nótese que N_k y F_k coincidirán con los valores N y 1, respectivamente.

Ejemplo 1.2.1

En base a las estadísticas del año 2012 relativas a los menores condenados, y centrándonos en los menores con 14 años de edad de la ciudad autónoma de Ceuta, analizamos la variable $X=$ "número de infracciones penales cometidas". Se obtiene la siguiente tabla de frecuencias:

x_i	n_i	N_i	f_i	F_i
1	18	18	0.8572	0.8572
2	2	20	0.0952	0.9524
3	1	21	0.0476	1

(Fuente: Explotación del INE del Registro Central de Sentencias de Responsabilidad Penal de los Menores)

Para el caso de variables cuantitativas continuas, o discretas que presenten un número elevado de valores distintos, se aconseja agrupar en intervalos o clases. En ese caso la llamada tabla estadística presenta el aspecto siguiente:

$(l_{i-1}\,,\,l_i]$	n_i	x_i	c_i
$[\,l_0\,,\,l_1\,]$	n_1	x_1	c_1
$(\,l_1\,,\,l_2\,]$	n_2	x_2	c_2
$\vdots$	$\vdots$	$\vdots$	$\vdots$
$(l_{k-1}\,,\,l_k]$	n_k	x_k	c_k

siendo $x_i = \dfrac{l_{i-1} + l_i}{2}$ la marca de clase (llamada también valor ideal) del intervalo, y $c_i = l_i - l_{i-1}$ la amplitud del mismo.

OBSERVACIÓN 1.1

(a) *El agrupamiento de los datos da lugar a cierta pérdida de información pero con ello se gana en manejabilidad de los mismos.*

(b) *El número de intervalos y las amplitudes de los mismos deben ser escogidos convenientemente.*

(c) *En la práctica, es frecuente la elección de intervalos de la misma amplitud, ya que con ello se facilita el cálculo de la mayoría de las características descriptivas que analiza la estadística. Un criterio empírico consiste en considerar como número de intervalos, k, el dado por la fórmula de Sturges, $k = 1 + [3.3 \log_{10} N]$, donde $[x]$ denota la parte entera de x.*

(d) *Una vez decididos los extremos de los intervalos, y para que cada dato pertenezca a uno y sólo uno de ellos, debe establecerse cómo serán los extremos de los mismos. Adoptaremos como criterio general que el extremo inferior sea abierto y el superior cerrado, es decir, $(l_{i-1}, l_i]$, salvo el primer intervalo que será cerrado por ambos extremos.*

Ejemplo 1.2.2

Consultado el Anuario Estadístico del Ministerio del Interior del año 2006, se considera la variable X = "número de penados en Centros Penitenciarios españoles en el año 2006".

   $x_1 = 1\,475$ penados (A Lama, Pontevedra)

$x_2 = 299$ penados (Albacete)

$x_3 = 1707$ penados (Albolote)

...

$x_{77} = 1400$ penados (Villabona)

Para construir la correspondiente tabla estadística, y dada la tipología de los datos, vamos a agrupar en intervalos. Consideraremos intervalos de igual amplitud, calcularemos el número de estos con la fórmula de Sturges y a continuación decidiremos la amplitud y el inicio del primer intervalo.

(a) $k = 1 + [3.3 \log_{10} 77] = 1 + [6.2254] = 7$

(b) $\text{mín}\{x_i\} = 61$ (Sta. Cruz de la Palma)

(c) $\text{máx}\{x_i\} = 2466$ (Valencia)

(d) $c = \dfrac{2466 - 61}{7} = 343.5714 \approx 360$

Se debe aproximar siempre por exceso. En este caso se ha elegido 360 en vez de 350, ya que si se comienza en cero, para amplitudes de tamaño 350 el extremo superior del último intervalo sería 2450 y dejaría fuera al dato mayor.

Se obtiene la tabla siguiente donde se incluyen las columnas correspondientes a los diferentes tipos de frecuencias:

$(l_{i-1}, l_i]$	x_i	n_i	N_i	f_i	F_i
$[0, 360]$	180	22	22	0.2857	0.2857
$(360, 720]$	540	21	43	0.2727	0.5584
$(720, 1080]$	900	8	51	0.1039	0.6623
$(1080, 1440]$	1260	9	60	0.1169	0.7792
$(1440, 1800]$	1620	13	73	0.1688	0.9480
$(1800, 2160]$	1980	3	76	0.0390	0.9870
$(2160, 2520]$	2340	1	77	0.0130	1
Totales		$N = 77$		1	

1.3. Representaciones gráficas

Las representaciones gráficas permiten observar, a golpe de vista, el comportamiento de la distribución. Se usan como complemento del trabajo estadístico, y a veces, como punto de partida para un posterior análisis.

Tipos de gráficos:

(a) Para variables cualitativas preferentemente: basan su construcción en establecer proporcionalidad entre áreas y frecuencias.

    (i) Diagramas de barras: Se construyen dibujando sobre cada categoría del atributo rectángulos de igual base y altura la frecuencia absoluta (o relativa) de la misma.

Ejemplo 1.3.1

Se recoge información relativa a las víctimas de violencia de género menores de 18 años (con orden de protección o medidas cautelares) que se produjeron en las comunidades autónomas de la cornisa cantábrica en año 2013. La información se resume en la siguiente tabla de frecuencias:

Comunidad Autónoma	Número de víctimas (n_i)
Asturias, Principado de	3
Cantabria	8
Galicia	16
País Vasco	11

(Fuente: Explotación estadística del Registro central para la protección de las víctimas de la violencia doméstica y de género)

A lo largo de todo el manual usaremos el paquete estadístico R junto con la interfaz de usuario R commander. Las instrucciones básicas del mismo se incluyen en el apéndice A.

Para la introducción de datos de forma manual se puede consultar el citado apéndice. Una vez introducidos los datos bastará con pulsar

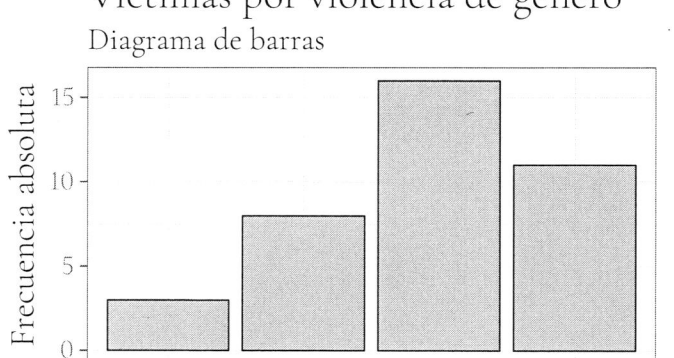

Gráficas → Gráfica de barras...

Víctimas por violencia de género
Diagrama de barras

(ii) Diagrama de sectores: dividimos un círculo en sectores circulares de forma que cada uno de ellos represente a cada categoría del atributo y con área proporcional a su frecuencia absoluta (o relativa).

Ejemplo 1.3.2

Se considera el estudio de la variable "lugar de procedencia de los condenados en España durante el año 2012"

Lugar de procedencia	Número de condenados (n_i)	f_i
España	164 029	0.7420
Resto de Unión Europea	17 329	0.0784
Resto de Europa	1 854	0.0084
Resto del Mundo	37 851	0.1712
Totales	$N = 221\,063$	1

(Fuente: Explotación del INE del Registro Central de Penados)

Evidentemente hay que evitar introducir uno a uno los datos que aparecen en la tabla anterior. Es conveniente seguir los pasos descritos en el apartado A.3.1 del apéndice en caso de tener frecuencias absolutas muy elevadas. Básicamente escribiremos la siguiente orden (en una sola línea) dentro de la ventana R script de R commander.

```
DatosProcedencia <- data.frame(Procedencia =
rep(c("España", "Resto de Unión Europea",
"Resto de Europa","Resto del Mundo"),
times = c(164029,17329,1854,37851)))
```

Ahora pulsaremos en el botón Conjunto de datos: para seleccionar el conjunto DatosProcedencia que hemos creado. Igual que en el ejemplo anterior, bastará pulsar Gráficas → Gráfica de barras... o bien Gráficas de sectores.

(b) Para variables cuantitativas: Si la variable no está agrupada en intervalos su representación gráfica se conoce como diagrama de barras. Sobre un sistema de ejes cartesianos se representan los valores de la variable en el eje de abscisas y las frecuencias correspondientes en el de ordenadas.

Si la variable viene agrupada en intervalos representaremos en el eje de abscisas los intervalos en los que se agrupan los valores de la variable y sobre cada uno de ellos dibujaremos un rectángulo de altura las densidades de frecuencias, $h_i = \dfrac{n_i}{N\,c_i} = \dfrac{f_i}{c_i}$, obteniendo un histograma.

Ejemplo 1.3.3

Se pretende estudiar la población reclusa adulta de mujeres con menos de cincuenta y un años en la comunidad de Andalucía en 2012. Atendiendo a la variable "edad", se obtiene la información que se recoge en la siguiente tabla:

$(l_{i-1} , l_i]$	n_i	f_i	c_i	h_i	
$[18 , 21]$	449	0.0999	3	0.0333	
$(21 , 26]$	877	0.1951	5	0.0390	
$(26 , 31]$	850	0.1891	5	0.0378	$\left(h_i = \dfrac{f_i}{c_i} \right)$
$(31 , 36]$	800	0.1779	5	0.0356	
$(36 , 41]$	691	0.1537	5	0.0307	
$(41 , 51]$	829	0.1843	10	0.0183	
Totales	$N = 4\,496$	1			

(Fuente: Explotación del INE del Registro Central de Penados)

Cuando los datos vengan recogidos en una tabla de frecuencias agrupados por intervalos, no habrá forma de saber cuáles fueron los datos reales de la encuesta. Utilizaremos entonces una aproximación introduciendo las marcas de clase de los intervalos dados, es decir,

```
DatosMujeresReclusas <- data.frame(
edad = rep(c((18+21)/2, (26+21)/2, (26+31)/2,
            (31+36)/2, (36+41)/2, (41+51)/2),
times = c(449, 877, 850, 800, 691, 829)))
```

Elegimos el conjunto de datos `DatosMujeresReclusas` y, en este caso, utilizando los menús `Gráficas` → `Histograma...` aparecerá una ventana para seleccionar las opciones de dicha representación. Conviene seleccionar `Densidades` en la pestaña `Opciones` (también podremos cambiar las etiquetas de los ejes).

```
Hist(DatosMujeresReclusas$edad, scale="density",
breaks="Sturges",
col="darkgray", xlab="Edades", ylab="Densidad")
```

Obtendremos un histograma que no tiene en cuenta las amplitudes y no será adecuado para representar nuestros datos. Para conseguir el histograma buscado modificaremos el argumento **breaks** de la forma siguiente:

```
Hist(DatosMujeresReclusas$edad, scale="density",
breaks=c(18,21,26,31,36,41,51),
col="darkgray", xlab="Edades", ylab="Densidad")
```

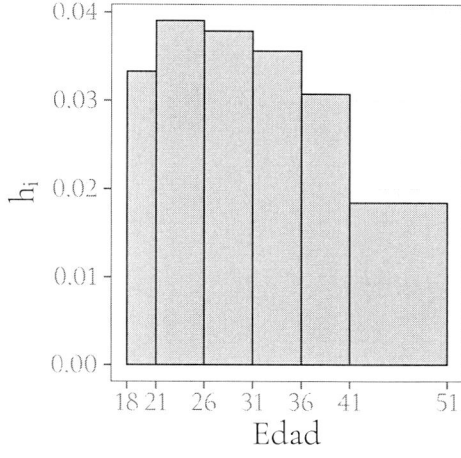

Ejemplo 1.3.4

Consideremos que queremos limitar el estudio del ejemplo 1.3.3 a la población de mujeres con edades comprendidas entre veintiuno y cuarenta y

un años:

$(l_{i-1} \, , \, l_i]$	n_i	c_i	h_i
$[21 \, , \, 26]$	877	5	0.05450
$(26 \, , \, 31]$	850	5	0.05283
$(31 \, , \, 36]$	800	5	0.04972
$(36 \, , \, 41]$	691	5	0.04294
	$N = 3\,218$		

(Fuente: Explotación del INE del Registro Central de Penados)

En este ejemplo vamos a utilizar la representación gráfica conocida como polígono de frecuencias. Esta representación debe usarse sólo con intervalos de igual amplitud. Tomando como base el histograma, se pretende obtener una visión de la forma que tendría la distribución de frecuencias de la variable cuando el número de observaciones fuese elevado. Se construye uniendo mediante segmentos los puntos medios de las bases superiores de los rectángulos del correspondiente histograma. Para completarlo suponemos la existencia de dos rectángulos de altura igual a cero, una a la izquierda del primero, y otro a la derecha del último.

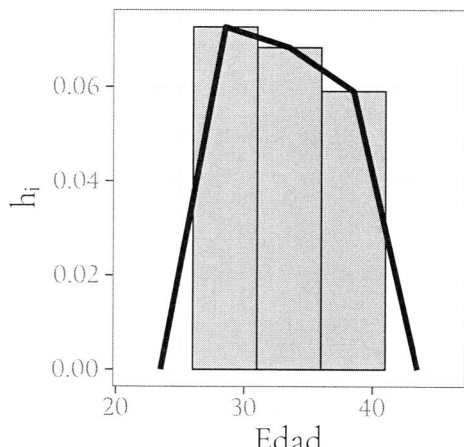

¡Manipula!

Puedes visitar la página `https://berihuete.shinyapps.io/` `Histogram/` para manipular algunos de los parámetros que controlan este tipo de representación.

1.4. Medidas centrales

Las *medidas de posición* o *tendencia* son medidas resumen que tratan de representar a la distribución de partida. Las medidas de posición *central* sirven para representar globalmente el comportamiento de los datos observados y localizar la distribución de frecuencias.

En esta sección estudiaremos la media aritmética, la mediana y la moda. De estas tres medidas, media y mediana son exclusivas para variables cuantitativas, pudiendo calcularse la moda también para variables cualitativas.

1.4.1 La media aritmética. Propiedades

Definición 1.5 *Dada la distribución de frecuencias* $\{(x_i; n_i)\}_{i=1,2,\ldots,k}$, *se llama media aritmética al valor:*

$$\overline{x} = \frac{\sum_{i=1}^{k} x_i n_i}{N} = \sum_{i=1}^{k} x_i f_i$$

Ejemplo 1.4.1

Con la información proporcionada en el ejemplo 1.2.1, donde se daba la tabla de frecuencias

x_i	n_i
1	18
2	2
3	1

sobre la variable $X = $ "número de infracciones penales cometidas", vamos a calcular la media aritmética:

$$\overline{x} = \frac{1 \cdot 18 + 2 \cdot 2 + 3 \cdot 1}{21} = \frac{25}{21} = 1.19 \text{ infracciones}$$

Respuesta: El número medio de infracciones penales cometidas es de 1.19.

OBSERVACIÓN 1.2 *Si la variable viene agrupada en intervalos, la media aritmética se calcula utilizando las marcas de clase. El valor resultante de la media aritmética vendrá influenciado por la elección de los intervalos, siendo mayor la precisión cuanto menores sean las longitudes de los intervalos.*

Propiedades de la media aritmética

(a) La suma de las desviaciones de los valores de la variable respecto a su media es cero:

$$\sum_{i=1}^{k}(x_i - \overline{x})n_i = \sum_{i=1}^{k} x_i n_i - N\overline{x} = N\overline{x} - N\overline{x} = 0$$

(b) Teorema de König: La media de las desviaciones al cuadrado de los valores de la variable respecto a una constante c, cualquiera, se hace mínima cuando $c = \overline{x}$. Vamos a comprobarlo:

$$D(c) = \sum_{i=1}^{k}(x_i - c)^2 \cdot \frac{n_i}{N}$$

$$= \sum_{i=1}^{k}(x_i - \overline{x} + \overline{x} - c)^2 \cdot \frac{n_i}{N} = \sum_{i=1}^{k}[(x_i - \overline{x}) - (c - \overline{x})]^2 \cdot \frac{n_i}{N}$$

$$= \sum_{i=1}^{k}(x_i - \overline{x})^2 \cdot \frac{n_i}{N} + (c - \overline{x})^2 \cdot \frac{\sum_{i=1}^{k} n_i}{N} - 2(c - \overline{x}) \cdot \sum_{i=1}^{k}(x_i - \overline{x}) \cdot \frac{n_i}{N}$$

$$= \sum_{i=1}^{k}(x_i - \overline{x})^2 \cdot \frac{n_i}{N} + (c - \overline{x})^2$$

El valor de c que hace mínima esta expresión es $c = \overline{x}$, ya que en este caso el segundo sumando se anula y el primero no depende del valor de c.

(c) Si de un conjunto de valores obtenemos dos (o más) subconjuntos disjuntos, la media aritmética de todo el conjunto, $\overline{x}$, se relaciona con las medias aritméticas de los diferentes subconjuntos de la forma siguiente:

$$\overline{x} = \frac{\sum_{i=1}^{k} x_i n_i}{N} = \frac{\sum_{i=1}^{h} x_i n_i + \sum_{i=h+1}^{k} x_i n_i}{N} = \frac{N_{(1)}\overline{x}_1 + N_{(2)}\overline{x}_2}{N},$$

siendo $\overline{x}_i$ la media calculada con los $N_{(i)}$ valores observados en el subconjunto i-ésimo, $i = 1, 2$, y $N = N_{(1)} + N_{(2)}$. Los datos organizados en una tabla de frecuencias son:

x_i	n_i
x_1	n_1
$\vdots$	$\vdots$
x_h	n_h
	$N_{(1)}$
x_{h+1}	n_{h+1}
$\vdots$	$\vdots$
x_k	n_k
	$N_{(2)}$

Ejemplo 1.4.2

El estudio de la edad, X, de los menores condenados en Andalucía en el año 2012 arrojó que la edad media de los chicos es de 15.82 años, mientras que la correspondiente a las chicas es de 15.56 años. Se desea conocer la edad media del conjunto total de los menores

considerados. ¿Sería correcto que $\overline{x} = 15.69$ años, obtenida como la media aritmética de ambas medias?

Para dar respuesta a la pregunta se consideran las distribuciones de frecuencias de las que se obtuvieron ambas medias (Fuente: Explotación del INE del Registro Central de Sentencias de Responsabilidad de Menores)

x_i	n_i(chicos)	$x_i n_i$(chicos)	n_i(chicas)	$x_i n_i$(chicas)
14	448	6 272	133	1 862
15	653	9 794	153	2 295
16	897	14 352	184	2 944
17	1 019	17 323	148	2 516
	$N_{(1)} = 3 017$	47 742	$N_{(2)} = 618$	9 617

$$N = N_{(1)} + N_{(2)} = 3 635 \text{ total de menores}$$

$$\overline{x} = \frac{\sum_{i=1}^{k} x_i n_i}{N} = \frac{47\,742 + 9\,617}{3\,635} = \frac{57\,359}{3\,635} = 15.78$$

$$\neq \frac{15.82 + 15.56}{2} = 15.69$$

Ventajas de $\overline{x}$

(a) Considera todos los valores para su cálculo.

(b) De existir, es única.

(c) No se ve afectada por el orden en que vengan dados los datos.

(d) Tiene una fácil interpretación.

Inconvenientes de $\overline{x}$

(a) En el caso de datos agrupados en intervalos, la media aritmética no es calculable si la distribución carece del extremo inferior del primer intervalo o del extremo superior del último.

Ejemplo 1.4.3

En base a las estadísticas relativas a adultos condenados en Andalucía en el año 2012, para la variable X = "número de delitos cometidos" de la que se tiene la siguiente distribución de frecuencias:

x_i	n_i
1	36 726
2	5 665
3	1 299
Más de 3	690

(Fuente: Explotación del INE del Registro Central de Penados)

¿Cómo podremos aplicar la fórmula de cálculo de la media aritmética?

(b) Valores de la variable inusualmente extremos pueden distorsionar la media aritmética. La solución será eliminarlos o calcular otra medida de posición que no se vea afectada por los mismos.

Ejemplo 1.4.4

Consideremos la distribución

x_i	0	1	2	100
n_i	5	6	5	1

La media aritmética

$$\overline{x} = \frac{0 + 6 + 10 + 100}{17} = 6.82,$$

¿puede considerarse que representa bien a la distribución de frecuencias proporcionada?

1.4.2 La mediana

Definición 1.6 *La mediana, M_e, es un valor tal que, ordenados los valores de la distribución de menor a mayor, separa a los mismos en dos partes que contienen el mismo número de datos.*

Cálculo de la mediana

(a) En distribuciones de frecuencias sin agrupar.

    (i) Si $F_{i-1} < \dfrac{1}{2} < F_i \Rightarrow M_e = x_i$

        O de forma equivalente, si $N_{i-1} < \dfrac{N}{2} < N_i \Rightarrow M_e = x_i$

    (ii) Si $F_i = \dfrac{1}{2} \Rightarrow M_e = \dfrac{x_i + x_{i+1}}{2}$

        Si usamos los valores de N_i, si $N_i = \dfrac{N}{2} \Rightarrow M_e = \dfrac{x_i + x_{i+1}}{2}$

Ejemplo 1.4.5

Se dispone de la información sobre la edad, X, de las chicas menores condenadas en Andalucía en el año 2012 (Fuente: Explotación del INE del Registro Central de Sentencias de Responsabilidad de Menores).

x_i	n_i	N_i
14	133	133
15	153	286
16	184	**470**
17	148	618

$$N = 618$$

$$N_2 < \frac{N}{2} = 309 < N_3$$

$$M_e = x_3 = 16 \text{ años}$$

Introducidos los datos pulsamos `Estadísticos → Resúmenes → Conjunto de datos activo` y obtenemos la siguiente tabla:

```
> summary(dataset)
      x
Min.    :14.00
1st Qu.:15.00
Median :16.00
Mean    :15.56
3rd Qu.:16.00
Max.    :17.00
```

La mediana es por tanto
`Median :16.00` años.

Ejemplo 1.4.6

Si con el mismo enunciado del ejemplo 1.4.5 se obtuviese la siguiente distribución de frecuencias (los datos proporcionados en este caso no son reales):

x_i	n_i	N_i
14	133	133
15	176	**309**
16	161	**470**
17	148	618

$$N = 618$$

$$N_2 = \frac{N}{2} = 309$$

$$M_e = \frac{x_2 + x_3}{2} = \frac{15 + 16}{2} = 15.5 \text{ años}$$

Introducidos los datos pulsamos `Estadísticos → Resúmenes → Conjunto de datos activo` y obtenemos la siguiente tabla:

```
> summary(dataset)
        x
 Min.    :14.00
 1st Qu.:15.00          Por tanto, la mediana es
 Median :15.50          Median :15.50 años.
 Mean    :15.52
 3rd Qu.:16.00
 Max.    :17.00
```

(b) En las distribuciones de frecuencias agrupadas en intervalos, no es posible identificar directamente el valor central. En este caso seguiremos los pasos siguientes:

(i) Se calculan las frecuencias absolutas acumuladas, N_i (o las relativas F_i).

(ii) El intervalo mediano es el primero cuya frecuencia absoluta acumulada supere el valor $\dfrac{N}{2}$ (o la relativa acumulada supere el valor $\dfrac{1}{2}$). Supongamos que es el $(l_{i-1}, l_i]$.

(iii) Suponiendo que los valores de la variable se reparten uniformemente dentro de cada intervalo, entonces:

$$M_e = l_{i-1} + \frac{\dfrac{1}{2} - F_{i-1}}{F_i - F_{i-1}} \cdot c_i = l_{i-1} + \frac{\dfrac{N}{2} - N_{i-1}}{N_i - N_{i-1}} \cdot c_i$$

Ejemplo 1.4.7

Tomando como referencia el ejemplo 1.3.3 acerca de la edad, X, de la población reclusa adulta de mujeres con menos de cincuenta y un años en la comunidad de Andalucía en 2012, queremos obtener la mediana de la distribución. Los datos se recogen en la siguiente tabla:

$(l_{i-1}, l_i]$	n_i	N_i	$F_i = N_i/N$
$[18, 21]$	449	449	0.0999
$(21, 26]$	877	1 326	0.2949
$(26, 31]$	850	2 176	0.4840
$(\mathbf{31, 36]}$	**800**	**2 976**	**0.6619**
$(36, 41]$	691	3 667	0.8156
$(41, 51]$	829	4 496	1
	$N = 4\,496$		

(Fuente: Explotación del INE del Registro Central de Penados)

$$M_e = 31 + \frac{\dfrac{1}{2} - \dfrac{2\,176}{4\,496}}{\dfrac{2\,976}{4\,496} - \dfrac{2\,176}{4\,496}} \cdot 5 = 31 + \frac{2\,248 - 2\,176}{2\,976 - 2\,146} \cdot 5 = 31.45 \text{ años.}$$

Observe que los datos vienen agrupados por intervalos y por tanto tendremos que introducir en el programa estadístico las marcas de clase, junto con las frecuencias absolutas. Introducidos los datos pulsamos Estadísticos → Resúmenes → Conjunto de datos activo y obtenemos la siguiente tabla:

```
> summary(dataset)
        x
 Min.   :19.50
 1st Qu.:23.50
 Median :33.50
 Mean   :32.28
 3rd Qu.:38.50
 Max.   :46.00
```

Por tanto la mediana es
Median :33.50 años.

Observe la diferencia de resultados entre la resolución mediante fórmula o mediante R commander, ya que en este último caso la mediana se calcula directamente como el valor central de los datos ordenados.

1.4.3   La moda

Definición 1.7 *La moda es el valor de la variable que más se repite.*

OBSERVACIÓN 1.3 *Existen distribuciones que pueden tener más de una moda, y distribuciones que no tienen moda.*

(a) Distribuciones no agrupadas en intervalos. La moda es el valor de la variable de mayor frecuencia absoluta.

Ejemplo 1.4.8 ✎

En base a las estadísticas del año 2012 relativas a los adultos condenados en la comunidad autónoma andaluza, analizamos la variable $X=$ "número de delitos cometidos". Se obtiene la siguiente tabla de frecuencias:

x_i	n_i
1	**36 726**
2	5 665
3	1 299
Más de 3	690

(Fuente: Explotación del INE del Registro Central de Penados)

Respuesta: el número de delitos más frecuente es $M_o = 1$ delito.

(b) Distribuciones agrupadas en intervalos. Supondremos que todos los valores observados incluidos en un intervalo se encuentran distribuidos uniformemente, y que la moda estará más cerca de aquel intervalo cuya frecuencia sea mayor.

  (i) Si los intervalos son de **distinta amplitud**, los pasos a seguir para el cálculo de la moda son:

    ▪ La clase modal, $(l_{i-1}, l_i]$, es aquella que tiene la mayor densidad de frecuencia, $h_i = n_i/Nc_i$.

- El valor modal será:

$$M_o = l_{i-1} + \frac{h_{i+1}}{h_{i-1} + h_{i+1}} \cdot c_i$$

Ejemplo 1.4.9 ✎

Retomemos el enunciado del ejemplo 1.3.3 en el que se estudiaba la población reclusa femenina adulta de menos de cincuenta y un años en la comunidad de Andalucía en 2012. Queremos estudiar la "edad" más frecuente, es decir, la moda de la distribución. La información que se proporciona es la siguiente:

$(l_{i-1}, l_i]$	n_i	c_i	h_i	
[18 , 21]	449	3	0.03329	
(21 , 26]	877	5	**0.03901**	
(26 , 31]	850	5	0.03781	$\left(h_i = \dfrac{n_i}{Nc_i} \right)$
(31 , 36]	800	5	0.03559	
(36 , 41]	691	5	0.03074	
(41 , 51]	829	10	0.01844	
	$N = 4\,496$			

(Fuente: Explotación del INE del Registro Central de Penados)

$$M_o = 21 + \frac{0.03781}{0.03329 + 0.03781} \cdot 5 = 23.69 \Rightarrow$$

La edad más frecuente está en unos 24 años.

(ii) Si todos los intervalos son de **igual amplitud**, podremos utilizar las frecuencias absolutas, n_i, en vez de las densidades de frecuencias.

$$M_o = l_{i-1} + \frac{n_{i+1}}{n_{i-1} + n_{i+1}} \cdot c_i \;\; (c_i = c, \text{ para todo valor de } i)$$

1.5. Medidas de posición no centrales

Las medidas correspondientes a esta sección las utilizaremos únicamente para variables cuantitativas.

Definición 1.8 *Los cuantiles son valores que, una vez ordenada de menor a mayor la distribución, la dividen en partes que comprenden el mismo número de valores.*

Entre los cuantiles podemos citar:

(a) Los cuartiles. Son tres valores que, una vez ordenada de menor a mayor la distribución, la dividen en cuatro partes cada una de las cuales contiene un $25\,\%$ de los datos. Los representaremos por $Q_{r/4}$ con $r = 1, 2, 3$. ($Q_{2/4} = M_e$)

(b) Los deciles. Son nueve valores que, una vez ordenada de menor a mayor la distribución, la dividen en diez partes cada una de las cuales contiene un $10\,\%$ de los datos. Los expresaremos como $Q_{r/10}$ con $r = 1, 2, ..., 9$. ($Q_{5/10} = M_e$)

(c) Los percentiles. Son 99 valores que, una vez ordenada de menor a mayor la distribución, la dividen en cien partes cada una de las cuales contiene un $1\,\%$ de los datos. De este modo, entre dos percentiles consecutivos encontramos un $1\,\%$ de los datos. Escribiremos $Q_{r/100}$ con $r = 1, 2, ..., 99$. ($Q_{50/100} = M_e$)

Una notación más simple es Q_1, Q_2, Q_3 para los cuartiles, $D_1, D_2,..., D_9$ para los deciles y $P_1, P_2, ..., P_{99}$ para los percentiles.

Cálculo de los cuantiles

Desarrollaremos esta sección usando los valores de las frecuencias absolutas acumuladas, N_i. Es claro que de manera semejante se podrían utilizar las F_i tal y como hicimos en la explicación de la mediana.

(a) En distribuciones de frecuencias sin agrupar ($k = 4, 10$ o 100)

    (i) Si $N_{i-1} < \dfrac{r}{k} \cdot N < N_i \Rightarrow Q_{r/k} = x_i$

(ii) Si $N_i = \dfrac{r}{k} \cdot N \Rightarrow Q_{r/k} = \dfrac{x_i + x_{i+1}}{2}$

Ejemplo 1.5.1

Calculemos el noveno decil para la variable X= "número de delitos cometidos" correspondiente al ejemplo 1.4.8.

x_i	n_i	N_i	F_i
1	36 726	36 726	0.8275
2	5 665	**42 391**	**0.9552**
3	1 299	43 690	0.9844
Más de 3	690	44 380	1

(Fuente: Explotación del INE del Registro Central de Penados)

$$N_1 < \frac{9}{10} \cdot N = 39\,942 < N_2 \Rightarrow Q_{9/10} = x_2 = 2 \text{ delitos.}$$

(b) En las distribuciones de frecuencias agrupadas en intervalos procederemos de la forma siguiente ($k = 4, 10$ o 100):

    (i) Se calculan las frecuencias acumuladas, N_i.

    (ii) El intervalo que contiene a $Q_{r/k}$ es el primero cuya frecuencia absoluta acumulada supere el valor $\dfrac{r}{k} \cdot N$. Supongamos que es el $(l_{i-1}, l_i]$.

    (iii) Suponiendo que los valores de la variable se reparten uniformemente dentro de cada intervalo, entonces:

$$Q_{r/k} = l_{i-1} + \frac{\dfrac{r}{k} \cdot N - N_{i-1}}{N_i - N_{i-1}} \cdot c_i$$

Ejemplo 1.5.2

Retomamos de nuevo el enunciado del ejemplo 1.3.3 en el que se estudiaba la población reclusa adulta femenina de menos de cincuenta y un años en la comunidad de Andalucía en 2012. Para la variable "edad" queremos calcular los cuartiles primero y tercero, y el percentil cuarenta y dos. La información que se proporciona es la siguiente:

$(l_{i-1}, l_i]$	n_i	N_i
$[18, 21]$	449	449
$(21, 26]$	877	1 326
$(26, 31]$	850	2 176
$(31, 36]$	800	2 976
$(36, 41]$	691	3 667
$(41, 51]$	829	4 496
	$N = 4 496$	

(Fuente: Explotación del INE del Registro Central de Penados)

Cálculo del primer cuartil: como $\dfrac{N}{4} = 1\,124$, entonces

$$Q_{1/4} = 21 + \frac{1\,124 - 449}{1\,326 - 449} \cdot 5 = 24.85 \text{ (unos 25 años).}$$

Cálculo de $Q_{42/100}$: como $\dfrac{42N}{100} = 1\,888.32$, entonces

$$Q_{42/100} = 26 + \frac{1\,888.32 - 1\,326}{2\,176 - 1\,326} \cdot 5 = 29.31 \text{ (unos 29 años).}$$

Cálculo de $Q_{3/4}$: como $\dfrac{3N}{4} = 3\,372$, entonces

$$Q_{3/4} = 36 + \frac{3\,372 - 2\,976}{3\,667 - 2\,976} \cdot 5 = 38.86 \text{ (unos 39 años).}$$

Los resultados obtenidos en el ejemplo 1.4.7, en el que utilizamos la secuencia Estadísticos → Resúmenes → Conjunto de datos activo, fueron:

```
> summary(dataset)
       x
 Min.    :19.50
 1st Qu.:23.50
 Median :33.50
 Mean    :32.28
 3rd Qu.:38.50
 Max.    :46.00
```

El primer y tercer cuartil son, respectivamente, 1st Qu.:23.50 y 3rd Qu.:38.50. Para el cálculo del percentil 42 bastará cambiar el código de la línea de comandos.

```
numSummary(dataset[,"x"],
statistics=c("mean", "sd", "quantiles"),
quantiles=c(0,.25,.5,.75,1))
```

por

```
numSummary(dataset[,"x"],
statistics=c("mean", "sd", "quantiles"),
quantiles=c(0,.42,.5,.75,1))
```

Una vez la ejecutemos habrá que observar qué ha salido debajo de la posición 42 %. En nuestro caso 28.5 años.

```
    mean        sd   0%   42%  50%  75%  100%     n
 32.27925  8.659421  19.5 28.5 33.5 38.5    46  4496
```

En ambos casos, para $k = 4$ y $r = 1, 2, 3$ tendremos los cuartiles; para $k = 10$ y $r = 1, 2, ..., 9$ los deciles, y para $k = 100$ y $r = 1, 2, ..., 99$, los percentiles.

1.6. Medidas de dispersión

Consideremos dos distribuciones de frecuencias que estudian una misma característica sobre la población para las que se obtiene la misma medida de posición. Veamos cómo el comportamiento puede ser bien distinto.

Ejemplo 1.6.1

Sean las distribuciones correspondientes a las "calificaciones en cierta asignatura", de 20 alumnos que pertenecen a los grupos A y B, respectivamente. Observemos el distinto comportamiento de estas distribuciones que tienen media aritmética común igual a 5 puntos:

$(l_{i-1}, l_i]$	n_i	h_i	x_i	$x_i n_i$
$[0, 2]$	2	0.05	1	2
$(2, 4]$	4	0.1	3	12
$(4, 6]$	8	0.2	5	40
$(6, 8]$	4	0.1	7	28
$(8, 10]$	2	0.05	9	18
	20			100

$(l_{i-1}, l_i]$	n_i	h_i	y_i	$y_i n_i$
$[0, 2]$	10	0.25	1	10
$(8, 10]$	10	0.25	9	90
	20			100

La siguiente figura representa los histogramas de las dos tablas de frecuencias

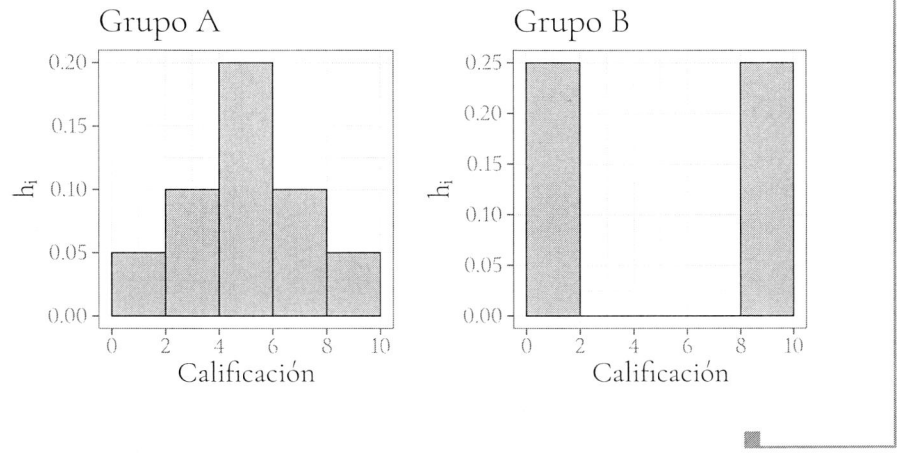

Las medidas que vamos a considerar a continuación las calcularemos solo para variables cuantitativas.

Se llama *dispersión* o *variabilidad*, al grado de separación de los valores respecto a otro que se pretende sea la síntesis.

A partir de una o más medidas de posición surgen diferentes medidas de dispersión, y pueden definirse teniendo en cuenta:

(a) La diferencia entre determinados valores de la variable.

(b) Promedios de las diferencias entre cada valor de la variable y una medida de posición ($\overline{x}$, M_e, por ejemplo).

(c) La idea de que no dependa de las unidades de medida de los valores.

1.6.1 Medidas de dispersión absoluta

Son medidas de dispersión que dependen de la unidad de medida en que vengan expresados los datos.

Recorridos. Desviaciones medias

Definición 1.9 *El recorrido es la diferencia entre el mayor y el menor valor de la variable:*

$$R = \max_i x_i - \min_i x_i$$

Ventajas del recorrido

Es una medida de fácil cálculo. Además es útil en situaciones en las que se requiera realizar muchas mediciones de la dispersión y sobre pocos valores.

Inconvenientes del recorrido

Su dependencia de los valores mínimo y máximo del conjunto de datos la hace muy sensible a la presencia de valores extremos. No tiene en cuenta los valores intermedios de la variable, así que puede no ser muy precisa. Por último, no puede ser calculado si el valor máximo o el mínimo no están determinados.

Ejemplo 1.6.2

Usando la información dada en el ejemplo 1.6.1 obtenemos el recorrido de la variable "calificación" para cada uno de los grupos, A y B:

$$R(A) = \max_i x_i - \min_i x_i = 9 - 1 = 8 \text{ puntos}$$
$$R(B) = \max_i y_i - \min_i y_i = 9 - 1 = 8 \text{ puntos}$$

Definición 1.10 *El recorrido intercuartílico nos indica la amplitud del intervalo donde están comprendidos el 50 % central de los valores, y se calcula:*

$$R_I = Q_{3/4} - Q_{1/4}$$

Observación 1.4 *Presenta como ventaja respecto al recorrido, la eliminación del posible efecto que pudieran tener algunos valores extremos.*

Ejemplo 1.6.3

Empleando de nuevo la información dada en el ejemplo 1.6.1 obtenemos el recorrido intercuartílico de las "calificaciones" para cada uno de los grupos, A y B:

$$R_I(A) = Q_{3/4} - Q_{1/4} = 6.5 - 3.5 = 3 \text{ puntos}$$

$$R_I(B) = Q_{3/4} - Q_{1/4} = 9 - 1 = 8 \text{ puntos}$$

Pero necesitamos medidas de dispersión que involucren más información de la variable. La primera solución sería considerar las desviaciones de cada valor con respecto a una medida de posición, p, y promediar posteriormente estas desviaciones. Es decir:

$$D_p = \sum_{i=1}^{k} (x_i - p) \cdot \frac{n_i}{N}$$

Esta definición presenta el inconveniente de que si tenemos una distribución muy dispersa a ambos lados de p habrá desviaciones de distinto signo que al sumarse se compensarán, lo que puede hacer que una desviación grande se transforme en una pequeña. Una solución es considerar el valor absoluto o elevar al cuadrado tales desviaciones, y así medir la proximidad o lejanía de los valores, x_i, a la medida de posición empleada.

Definición 1.11 *La desviación media respecto a la media aritmética es la media aritmética de los valores absolutos de las desviaciones de los datos respecto de la media.*

$$D_{\overline{x}} = \sum_{i=1}^{k} |x_i - \overline{x}| \cdot \frac{n_i}{N}$$

Ejemplo 1.6.4

Retomemos la información del ejemplo 1.6.1 sobre las "calificaciones en cierta asignatura" de 20 alumnos que pertenecen a los grupos A y B, respectivamente. Recordemos que $\overline{x} = \overline{y} = 5$ puntos. Compararemos ambas distribuciones empleando la desviación media respecto a la media aritmética.

$(l_{i-1}, l_i]$	n_i	x_i	$\|x_i - \overline{x}\| \cdot n_i$
[0, 2]	2	1	8
(2, 4]	4	3	8
(4, 6]	8	5	0
(6, 8]	4	7	8
(8, 10]	2	9	8
	20		32

$(l_{i-1}, l_i]$	n_i	y_i	$\|y_i - \overline{y}\| \cdot n_i$
[0, 2]	10	1	40
(8, 10]	10	9	40
	20		80

$$D_{\overline{x}}(A) = \sum_{i=1}^{k} |x_i - \overline{x}| \cdot \frac{n_i}{N} = \frac{32}{20} = 1.6 \text{ puntos}$$

$$D_{\overline{y}}(B) = \sum_{i=1}^{k} |y_i - \overline{y}| \cdot \frac{n_i}{N} = \frac{80}{20} = 4 \text{ puntos}$$

Varianza y desviación típica

Son las dos medidas de dispersión absoluta más importantes.

Definición 1.12 *La varianza es la media aritmética de los cuadrados de las desviaciones de los datos respecto a la media. Es decir,*

$$s^2 = \sum_{i=1}^{k} (x_i - \overline{x})^2 \cdot \frac{n_i}{N} \tag{1.1}$$

A veces se usa también la cuasivarianza, definida por:

$$s_c^2 = \sum_{i=1}^{k} (x_i - \overline{x})^2 \cdot \frac{n_i}{N-1}$$

El programa R commander calcula directamente esta cantidad cuando le solicitamos la varianza. La razón de que R commander calcule s_c^2 y no s^2, será explicada más adelante. Evidentemente:

$$N s^2 = (N - 1) \cdot s_c^2$$

Propiedades de la varianza

(a) La varianza es siempre mayor o igual que cero, por ser suma de cuadrados, y se anula solamente cuando todos los valores de la variable son iguales entre sí.

(b) La varianza es la medida cuadrática de dispersión óptima ya que, para cualquier valor p se verifica que:

$$s^2 = \sum_{i=1}^{k}(x_i - \overline{x})^2 \cdot \frac{n_i}{N} \leq \sum_{i=1}^{k}(x_i - p)^2 \cdot \frac{n_i}{N}$$

(Teorema de König)

(c) $s^2 = \sum_{i=1}^{k} x_i^2 \cdot \frac{n_i}{N} - \overline{x}^2$ es una expresión equivalente de la varianza que facilita su cálculo manual. Esta expresión, conocida como fórmula de König-Huygens, se obtiene fácilmente sin más que desarrollar el cuadrado de la diferencia en la expresión (1.1) de la varianza.

(d) Viene expresada en las unidades de la variable elevadas al cuadrado.

Definición 1.13 *Se define la desviación típica como la raíz cuadrada positiva de la varianza. Es decir:*

$$s = \sqrt{s^2} = \sqrt{\sum_{i=1}^{k}(x_i - \overline{x})^2 \cdot \frac{n_i}{N}} \tag{1.2}$$

Propiedades de la desviación típica

(a) Es siempre mayor o igual que cero.

(b) Es una medida de dispersión óptima.

(c) Valores pequeños de la desviación típica indican poca dispersión de las observaciones con respecto a la media.

(d) $s = \sqrt{\sum_{i=1}^{k} x_i^2 \cdot \dfrac{n_i}{N} - \overline{x}^2}$

(e) Viene medida en las mismas unidades de la variable.

(f) El intervalo $(\overline{x} - 2s, \overline{x} + 2s)$ contiene al menos el 75 % de los valores de la distribución. Esto se obtiene a partir del teorema de Chebyshev que afirma que, al menos el $(1 - 1/k^2) \cdot 100\,\%$ de los valores de una distribución estarán a menos de k desviaciones típicas respecto de la media.

Ejemplo 1.6.5

Retomemos la información del ejemplo 1.6.1 sobre las "calificaciones en cierta asignatura" de 20 alumnos que pertenecen a los grupos A y B, respectivamente. Recordemos que $\overline{x} = \overline{y} = 5$ puntos. Compararemos ambas distribuciones empleando s y s_c.

$(l_{i-1}\,,\,l_i]$	n_i	x_i	$x_i^2 n_i$
$[0\,,\,2]$	2	1	2
$(2\,,\,4]$	4	3	36
$(4\,,\,6]$	8	5	200
$(6\,,\,8]$	4	7	196
$(8\,,\,10]$	2	9	162
	20		596

$(l_{i-1}\,,\,l_i]$	n_i	y_i	$y_i^2 n_i$
$[0\,,\,2]$	10	1	10
$(8\,,\,10]$	10	9	810
	20		820

$$s(A) = \sqrt{\sum_{i=1}^{k} x_i^2 \cdot \frac{n_i}{N} - \overline{x}^2} = \sqrt{\frac{596}{20} - 5^2} = 2.1909 \text{ puntos}$$

$$s(B) = \sqrt{\sum_{i=1}^{k} y_i^2 \cdot \frac{n_i}{N} - \overline{y}^2} = \sqrt{\frac{820}{20} - 5^2} = 4 \text{ puntos}$$

$$s_c(A) = \sqrt{\frac{20}{19} \cdot s^2(A)} = 2.2478 \text{ puntos}$$

$$s_c(B) = \sqrt{\frac{20}{19} \cdot s^2(B)} = 4.1039 \text{ puntos}$$

Introducidos los datos en **R commander**, utilizamos **Estadísticos** → **Resúmenes** → **Resúmenes numéricos...** obteniendo la siguiente tabla para el Grupo A

```
mean         sd IQR 0% 25% 50% 75% 100%  n
    5 2.247806   4  1   3   5   7    9 20
```

y para el grupo B

```
mean         sd IQR 0% 25% 50% 75% 100%  n
5 4.103913    8  1   1   5   9    9 20
```

Por tanto, $s_c(A) = 2.247806$ puntos y $s_c(B) = 4.103913$ puntos.

¡Atención!

Como ya se ha indicado, el paquete estadístico **R** calcula la **cuasidesviación típica**, es decir, si queremos calcular la desviación típica como en la fórmula 1.2 habrá que multiplicar el resultado obtenido de **R** por $\sqrt{\frac{N-1}{N}}$.

1.6.2 Medidas de dispersión relativa

Supongamos que tenemos dos distribuciones de frecuencias a las que se les ha calculado la misma medida de posición, y queremos saber cuál de las dos representa mejor a su correspondiente distribución. Como tales medidas pueden venir expresadas en distintas unidades, no podremos comparar la representatividad de ambas utilizando las medidas de dispersión absoluta.

Es preciso construir medidas de dispersión adimensionales, es decir, medidas que resulten independientes de la unidad con que se miden los valores de cada variable. Son las medidas de dispersión relativa.

Recorridos

Definición 1.14 *El recorrido relativo viene dado por la expresión:*

$$R_r = \frac{R}{\overline{x}} = \frac{\max_i x_i - \min_i x_i}{\overline{x}}$$

Nos proporciona el número de veces que el recorrido contiene a la media aritmética.

Definición 1.15 *El recorrido semiintercuartílico se define como:*

$$R_{SI} = \frac{\dfrac{Q_{3/4} - Q_{1/4}}{2}}{\dfrac{Q_{1/4} + Q_{3/4}}{2}} = \frac{Q_{3/4} - Q_{1/4}}{Q_{1/4} + Q_{3/4}}$$

El coeficiente R_{SI} puede interpretarse como la comparación, a través de un cociente, de la distancia media entre los cuartiles primero y tercero con el punto medio de dicho intervalo.

El coeficiente de variación de Pearson

Definición 1.16 *Se define por la expresión:*

$$V = \frac{s}{|\overline{x}|}$$

Propiedades del coeficiente de variación de Pearson

(a) Es una medida adimensional y suele expresarse multiplicada por cien, es decir en forma de porcentaje.

(b) Representa el número de veces que la desviación típica contiene a $|\overline{x}|$. Cuanto mayor es V menos representativa es $\overline{x}$.

(c) La máxima representatividad de $\overline{x}$ se tiene cuando $V = 0$. Dudaremos de la representatividad de $\overline{x}$ si $V > 0.5$.

(d) Si $\overline{x} = 0$, V no es calculable.

(e) El cálculo mediante el programa R commander se realizará mediante la cuasi-desviación típica.

Ejemplo 1.6.6 ✎

Se pretende comparar en dispersión, así como comparar la representatividad de las medias aritméticas de dos distribuciones expresadas en distintas unidades de medida. Una de ellas considera la variable X ="número de infracciones penales cometidas" por menores de 14 años en 2012 en la ciudad autónoma de Ceuta (ejemplo 1.2.1). La otra considera la variable Y ="edad" de las chicas menores condenadas en Andalucía en 2012 (ejemplo 1.4.5).

Infracciones			
x_i	n_i	$x_i n_i$	$x_i^2 n_i$
1	18	18	18
2	2	4	8
3	1	3	9
	21	25	35

Edad			
y_j	n_j	$y_j n_j$	$y_j^2 n_j$
14	133	1 862	26 068
15	153	2 295	34 425
16	184	2 944	47 104
17	148	2 516	42 772
	618	9 617	150 369

$$\overline{x} = \frac{25}{21} = 1.19 \text{ infracciones}; \quad \overline{y} = \frac{9\,617}{618} = 15.5615 \text{ años}$$

$$s_X = \sqrt{\frac{35}{21} - (1.19)^2} = 0.5005 \text{ infracciones}$$

$$s_Y = \sqrt{\frac{150\,369}{618} - (15.5615)^2} = 1.0748 \text{ años}$$

$$V_X = \frac{s_X}{|\overline{x}|} = \frac{0.5005}{1.19} = 0.4206; \quad V_Y = \frac{s_Y}{|\overline{y}|} = \frac{1.0748}{15.5615} = 0.0691$$

Respuesta: La edad media puede considerarse más representativa que el número medio de infracciones.

1.7. Otros detalles de interés

1.7.1 Efecto sobre la media aritmética de una transformación lineal

Nos disponemos a estudiar cómo se ve afectada la media ante una transformación lineal que puedan sufrir los datos.

(a) Dada una distribución de frecuencias $\{(x_i; n_i)\}_{i=1,2,\ldots,k}$, vamos a considerar una nueva distribución $\{(x_i'; n_i)\}_{i=1,2,\ldots,k}$, donde $x_i' = x_i + b$ para todo valor de i. Se verifica que:

$$\overline{x'} = \frac{\displaystyle\sum_{i=1}^{k} x_i' n_i}{N} = \frac{\displaystyle\sum_{i=1}^{k}(x_i + b)n_i}{N} = \frac{\displaystyle\sum_{i=1}^{k} x_i n_i}{N} + b \cdot \frac{\displaystyle\sum_{i=1}^{k} n_i}{N} = \overline{x} + b$$

Por tanto, si a todos los valores de una variable le sumamos una constante b, la media aritmética queda también aumentada en esa constante. Es decir, la media aritmética queda afectada por los cambios de origen.

(b) Dada una distribución de frecuencias $\{(x_i; n_i)\}_{i=1,2,\ldots,k}$, vamos a considerar una nueva distribución $\{(x_i'; n_i)\}_{i=1,2,\ldots,k}$, donde $x_i' = ax_i$ para todo valor de i. Se verifica que:

$$\overline{x'} = \frac{\displaystyle\sum_{i=1}^{k} x_i' n_i}{N} = \frac{\displaystyle\sum_{i=1}^{k}(ax_i)n_i}{N} = a \cdot \frac{\displaystyle\sum_{i=1}^{k} x_i n_i}{N} = a \cdot \overline{x}$$

Por tanto, si todos los valores de una variable los multiplicamos por una constante a, la media aritmética queda también multiplicada por esa constante. Es decir, la media aritmética queda afectada por los cambios de escala.

Consecuencia

Dada una distribución de frecuencias $\{(x_i; n_i)\}_{i=1,2,...,k}$, si consideramos una nueva distribución $\{(x'_i; n_i)\}_{i=1,2,...,k}$ que sea una transformación lineal de la primera, es decir, $x'_i = ax_i + b$ para todo valor de i, entonces se verifica que:

$$\overline{x'} = a\overline{x} + b$$

Ejemplo 1.7.1

En un centro de menores se ha decidido implantar una nueva medida para el control de asistencia a las actividades formativas. Cada menor debe cumplir 2 horas de servicio a la comunidad, y por cada falta de asistencia, 3 horas más. Si el mes pasado el número medio de faltas por menor fue de 10, ¿cuál será el número medio de horas de servicio a la comunidad que deberá realizar cada uno de ellos?

Si la variable X mide el número de faltas de asistencia mensuales por menor, entonces $X' = 3X + 2$ representa el número de horas mensuales de servicio a la comunidad por individuo.

$$\overline{x'} = 3\overline{x} + 2 = 3 \cdot 10 + 2 = 32 \text{ horas.}$$

1.7.2   Efecto sobre la varianza de una transformación lineal

A continuación estudiemos cómo se ven afectadas la varianza, y la desviación típica, ante una transformación lineal que puedan sufrir los datos.

(a) Dada una distribución de frecuencias $\{(x_i; n_i)\}_{i=1,2,...,k}$, vamos a considerar una nueva distribución $\{(x'_i; n_i)\}_{i=1,2,...,k}$, donde $x'_i = x_i + b$ para todo valor de i. Se verifica que:

$$s'^2 = \sum_{i=1}^{k}(x'_i - \overline{x'})^2 \cdot \frac{n_i}{N}$$

$$= \sum_{i=1}^{k}[x_i + b - (\overline{x}+b)]^2 \cdot \frac{n_i}{N} = \sum_{i=1}^{k}(x_i - \overline{x})^2 \cdot \frac{n_i}{N} = s^2$$

Por tanto, si a todos los valores de una variable le sumamos una constante b, la varianza (y la desviación típica) no varían. Es decir, a la varianza (y a la desviación típica) no le afectan los cambios de origen.

(b) Dada una distribución de frecuencias $\{(x_i; n_i)\}_{i=1,2,\dots,k}$, vamos a considerar una nueva distribución $\{(x_i'; n_i)\}_{i=1,2,\dots,k}$, donde $x_i' = ax_i$ para todo valor de i. Se verifica que:

$$s'^2 = \sum_{i=1}^{k}(x_i' - \overline{x'})^2 \cdot \frac{n_i}{N}$$

$$= \sum_{i=1}^{k}[ax_i - (a\overline{x})]^2 \cdot \frac{n_i}{N} = a^2 \cdot \sum_{i=1}^{k}(x_i - \overline{x})^2 \cdot \frac{n_i}{N} = a^2 \cdot s^2$$

Por tanto, si todos los valores de una variable los multiplicamos por una constante, la varianza queda multiplicada por el cuadrado de la constante (y la desviación típica por el valor absoluto de dicha constante).

Consecuencia

Dada una distribución de frecuencias $\{(x_i; n_i)\}_{i=1,2,\dots,k}$, si consideramos una nueva distribución $\{(x_i'; n_i)\}_{i=1,2,\dots,k}$, que sea una transformación lineal de la primera, es decir, $x_i' = ax_i + b$ para todo valor de i, entonces se verifica que:

$$s'^2 = a^2 s^2 \quad (s' = |a| s)$$

Ejemplo 1.7.2

Consideramos la variable X del ejemplo 1.7.1 que mide el número de faltas de asistencia mensuales por menor, y la variable $X' = 3X + 2$ que representa el número de horas mensuales de servicio a la comunidad por individuo.

Una vez calculada la varianza de la variable X, se ha obtenido un valor $s^2 = 2$. Entonces, para obtener la varianza de la variable X' realizaremos el siguiente cálculo:

$$s'^2 = 3^2 s^2 = 9 \cdot 2 = 18 \, \text{horas}^2$$

1.7.3   Normalización o tipificación

Dada una variable estadística X, con media $\overline{x}$ y desviación típica $s_X \neq 0$, entonces la tipificación consiste en la transformación:

$$z = \frac{x - \overline{x}}{s_X} = \frac{1}{s_X} \cdot x + \left(\frac{-\overline{x}}{s_X} \right)$$

(a) Teniendo en cuenta como afectan a la media y a la varianza las transformaciones lineales, se tiene que $\overline{z} = 0$ y $s_Z^2 = 1$.

(b) La variable tipificada expresa el número de desviaciones típicas que cada observación dista de la media. Así podremos comparar la posición relativa de datos de diferentes distribuciones.

(c) Se observa que el signo del valor tipificado nos indica si el valor considerado de la variable es inferior o superior a la media.

Ejemplo 1.7.3

Queremos comparar el número de quejas presentadas a la policía en dos ciudades A y B. En la ciudad A, donde el número medio de quejas a la policía es de 12 con una desviación típica de 1.5, se han contabilizado 14 quejas. En la ciudad B se anotaron 16 quejas, teniendo dicha ciudad un número medio de 15 quejas con una desviación típica de 1.2.

$$z_A = \frac{x_A - \overline{x}_A}{s_A} = \frac{14 - 12}{1.5} = 1.3333$$

$$z_B = \frac{x_B - \overline{x}_B}{s_B} = \frac{16 - 15}{1.2} = 0.8333$$

El resultado de 16 quejas en la ciudad B es comparativamente mejor que el de 14 quejas en la ciudad A. El motivo es que el valor 16 está 0.8333 desviaciones típicas (de B) por encima de su media, mientras que el valor 14 está 1.3333 desviaciones típicas (de A) por encima de la suya (aunque el valor 14 sea menor que 16 en términos absolutos).

1.7.4 Simetría

Ahora damos un paso más al intentar precisar la forma de la distribución. Las medidas de forma se dirigen a elaborar valores que midan el aspecto de la representación gráfica de la distribución sin necesidad de llevarla a cabo.

Ejemplo 1.7.4

El histograma correspondiente al Grupo A del ejemplo 1.6.1, corresponde a una distribución simétrica respecto de $\overline{x} = 5$.

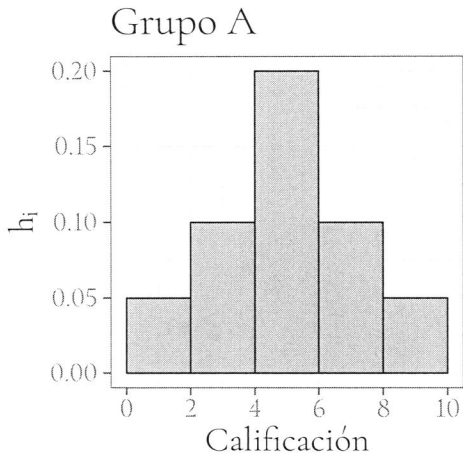

Definición 1.17 *Si por $\overline{x}$ trazamos una perpendicular al eje horizontal y la tomamos como eje de simetría, diremos que la distribución es simétrica si existe el mismo número*

de valores a ambos lados del eje y equidistantes de él hay pares de valores con la misma frecuencia.

Si la distribución no es simétrica (tiene sesgo), puede presentar:

(a) Asimetría positiva (o a la derecha) si la "cola" a la derecha de la media es más larga que la cola a la izquierda, es decir, hay valores más separados de la media a su derecha.

(b) Asimetría negativa (o a la izquierda) si la "cola" a la izquierda de la media es más larga que la cola a la derecha, es decir, hay valores más separados de la media a su izquierda.

En la figura 1.1 mostramos los histogramas de dos distribuciones asimétricas 1.1a y 1.1b, a derechas e izquierdas, respectivamente.

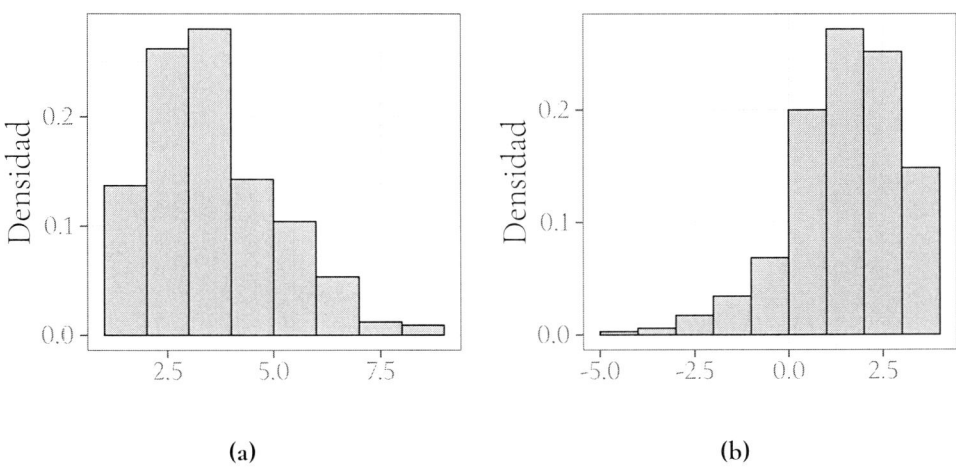

(a)   (b)

Figura 1.1: Representación de histogramas con diferentes tipos de asimetría.

OBSERVACIÓN 1.5 *En las distribuciones simétricas, las desviaciones de los valores a la izquierda de la media son igualmente frecuentes que las de los valores a la derecha y, por tanto, todos los promedios calculados con potencias impares de ellas serán nulos.*

No debemos considerar potencias pares porque nos interesa tener en cuenta el signo de las desviaciones a la media. Tampoco debemos usar el promedio de las desviaciones a la media, ya que es cero en cualquier caso. Por tanto, recurriremos al promedio calculado con las potencias terceras de las desviaciones. Este promedio acentúa las desviaciones a la media de los valores altos y bajos de la variable cuando no hay simetría, representando así un índice del sesgo de la distribución.

Coeficiente de asimetría de Fisher

Definición 1.18 *Se define el coeficiente de asimetría de Fisher como la expresión:*

$$g_1 = \frac{\displaystyle\sum_{i=1}^{k}(x_i - \overline{x})^3 \cdot n_i}{N s^3}$$

El coeficiente de asimetría de Fisher es una medida adimensional, es decir, independiente de la unidad con que se miden los valores de cada variable.

(a) Si la distribución es simétrica $\Rightarrow \displaystyle\sum_{i=1}^{k}(x_i - \overline{x})^3 \Rightarrow g_1 = 0$. El recíproco no es cierto, en general, como podemos observar en el ejemplo siguiente:

Ejemplo 1.7.5

Se considera la distribución siguiente:

$(l_{i-1}\,,\,l_i]$	x_i	n_i	$x_i n_i$	$(x_i - \overline{x})^3 \cdot n_i$	h_i
$[-1\,,\,1]$	0	2	0	-128	$2/12$
$(4\,,\,6]$	5	3	15	3	$3/12$
$(8\,,\,10]$	9	1	9	125	$1/12$
		6	24	0	

cuyo histograma es:

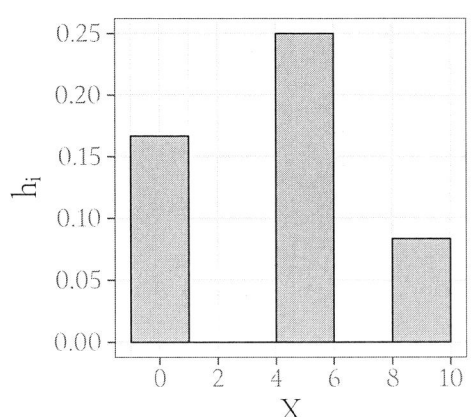

Para esta distribución, en la que puede observarse que la media aritmética es igual a cuatro, se obtiene que $\sum_{i=1}^{k}(x_i - \overline{x})^3 = 0$ ($\Rightarrow$ $g_1 = 0$). El correspondiente histograma muestra claramente una distribución no simétrica.

(b) Si $g_1 > 0$ debe ser que la distribución está desplazada a la derecha de $\overline{x}$ $\Rightarrow$ Asimétrica a derechas.

(c) Si $g_1 < 0$ debe ser que la distribución está desplazada a la izquierda de $\overline{x} \Rightarrow$ Asimétrica a izquierdas.

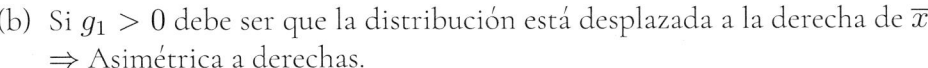

Ejemplo 1.7.6

Calculemos g_1 sobre las distribuciones no simétricas siguientes:

(a)

$(l_{i-1}, l_i]$	n_i	x_i	$x_i n_i$	$x_i^2 n_i$	$(x_i - \overline{x})^3 \cdot n_i$
$[0, 2]$	4	1	4	4	-108
$(2, 4]$	7	3	21	63	-7
$(4, 6]$	5	5	25	125	5
$(6, 8]$	3	7	21	147	81
$(8, 10]$	1	9	9	81	125
	20		80	420	96

$$\overline{x} = 4 \text{ unidades}$$

$$\sum_{i=1}^{k}(x_i - \overline{x})^3 \cdot n_i = 96 \text{ unidades}^3$$

$$s = \sqrt{\frac{420}{20} - 4^2} = \sqrt{5} = 2.236 \text{ unidades}$$

$$g_1 = \frac{96}{20 \cdot 2.236^3} = 0.4293 \Rightarrow \text{Asimétrica a derechas}$$

(b)

$(l_{i-1}, l_i]$	n_i	x_i	$x_i n_i$	$x_i^2 n_i$	$(x_i - \overline{x})^3 \cdot n_i$
$[0, 2]$	1	1	1	1	-125
$(2, 4]$	3	3	9	27	-81
$(4, 6]$	5	5	25	125	-5
$(6, 8]$	7	7	49	343	7
$(8, 10]$	4	9	36	324	108
	20		120	820	-96

$$\overline{x} = 6 \text{ unidades}$$

$$\sum_{i=1}^{k}(x_i - \overline{x})^3 \cdot n_i = -96 \text{ unidades}^3$$

$$s = \sqrt{\frac{820}{20} - 6^2} = \sqrt{5} = 2.236 \text{ unidades}$$

$$g_1 = \frac{-96}{20 \cdot 2.236^3} = -0.4293 \Rightarrow \text{Asimétrica a izquierdas}$$

Coeficiente de asimetría de Pearson

En distribuciones unimodales y campaniformes asimétricas a derechas puede comprobarse que $M_o < M_e < \overline{x}$, y en las asimétricas a izquierdas, $\overline{x} < M_e < M_o$. Para distribuciones unimodales, campaniformes y simétricas se verifica que $\overline{x} = M_e = M_o$. Las desigualdades anteriores nos sugieren considerar como medida de asimetría la diferencia entre la media y la moda.

Definición 1.19 *Se define el coeficiente de asimetría de Pearson como:*

$$A_P = \frac{\overline{x} - M_o}{s}$$

OBSERVACIÓN 1.6 *El coeficiente de asimetría de Pearson es una medida adimensional, y debe ser utilizado sólo en distribuciones unimodales y campaniformes. En este caso si la distribución es además simétrica, se tiene que $A_P = 0$. De nuevo, no es cierta la afirmación recíproca como se aprecia en el ejemplo siguiente.*

Ejemplo 1.7.7

Se considera la distribución siguiente:

$(l_{i-1} , l_i]$	x_i	n_i	$x_i n_i$	h_i
$[-1 , 1]$	0	6	0	2/36
$(4 , 6]$	5	45	225	15/36
$(8 , 10]$	9	3	27	1/36
		54	252	

cuyo histograma es:

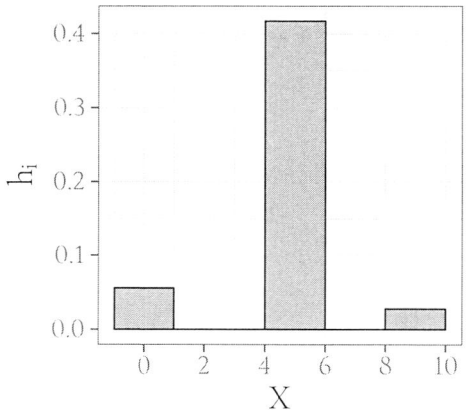

De nuevo, nos muestra que se trata de una distribución no simétrica y para la que puede comprobarse fácilmente que

$$\overline{x} = M_o = \frac{14}{3}, \text{ y que } A_P = 0.$$

Podemos decir que,

(a) Si $A_P > 0$, entonces la distribución es asimétrica a derechas.

(b) Si $A_P < 0$, entonces la distribución es asimétrica a izquierdas.

Ejemplo 1.7.8

Calculemos A_P sobre las distribuciones asimétricas siguientes:

(a)

$(l_{i-1}\,,\,l_i]$	n_i
$[0\,,\,2]$	4
$(2\,,\,4]$	7
$(4\,,\,6]$	5
$(6\,,\,8]$	3
$(8\,,\,10]$	1
	20

$$\overline{x} = 4 \text{ unidades; } s = 2.236 \text{ unidades;}$$
$$M_o = 2 + \frac{5}{4+5} \cdot 2 = 3.111 \text{ unidades}$$

$$A_P = \frac{\overline{x} - M_o}{s} = \frac{4 - 3.111}{2.236} = 0.397 \Rightarrow \text{Asimétrica a derechas.}$$

(b)

$(l_{i-1}\,,\,l_i]$	n_i
$[0\,,\,2]$	1
$(2\,,\,4]$	3
$(4\,,\,6]$	5
$(6\,,\,8]$	7
$(8\,,\,10]$	4
	20

$$\overline{x} = 6 \text{ unidades; } s = 2.236 \text{ unidades;}$$
$$M_o = 6 + \frac{4}{5+4} \cdot 2 = 6.888 \text{ unidades}$$

$$A_P = \frac{6 - 6.888}{2.236} = -0.397 \Rightarrow \text{Asimétrica a izquierdas.}$$

1.7.5 Diagrama de caja

El diagrama de caja, también conocido como diagrama de caja y bigotes, es una síntesis gráfica de una distribución en la que intervienen las siguientes medidas: mediana, cuartiles primero y tercero. Suele incluirse la media aritmética. Su construcción es como sigue:

(a) Tomamos una escala que contenga el recorrido de la variable.

(b) Se dibuja una caja, rectángulo, cuyos lados horizontales vayan desde el primer hasta el tercer cuartil.

(c) Dibujamos en el interior de la caja una barra horizontal en la posición de la mediana. Algunos programas incluyen una marca allí donde se sitúe la media aritmética.

(d) Desde los lados horizontales de la caja se dibujan dos segmentos verticales (los bigotes) que se extienden hacia arriba y abajo hasta los valores más alejados de la variable que no que superen 1.5 veces el recorrido intercuartílico. Aquellos valores extremos que no cumplen esta condición, aparecen fuera de los bigotes y se consideran valores atípicos (outliers).

Ejemplo 1.7.9

Los siguientes datos se refieren a la tasa de criminalidad de 26 de los 28 estados miembros de la UE en el año 2012 (para Irlanda y Francia no disponemos de la información):

96.8	16.5	29.0	79.0	73.3	30.8	17.5	48.5	16.9	47.5
9.3	24.4	25.1	71.7	47.5	37.4	68.1	65.2	29.1	38.2
15.3	44.5	16.7	78.8	147.9	64.6				

(Fuente: Elaboración propia a partir de EUROSTAT)

Vamos a representar el correspondiente diagrama de caja. Para ello introducimos los datos en una sola columna mediante los menús `Datos` →

Nuevo conjunto de datos..., llamando *Tasa* a la variable en cuestión. Ahora utilizaremos los menús **Gráficas** → **Diagrama de caja...** para pintar el gráfico deseado. En la ventana podremos elegir varias opciones, entre ellas, que el propio programa identifique de forma automática los datos atípicos. La siguiente figura contiene el gráfico obtenido. Obsérvese que marca el dato en la posición 25 (**147.9**) como dato atípico.

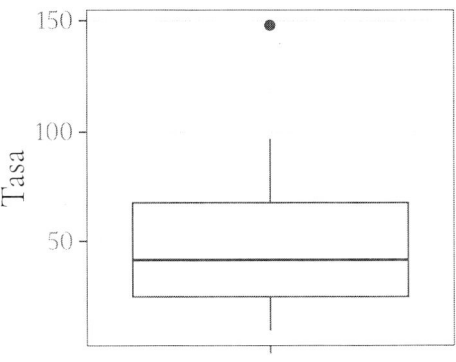

OBSERVACIÓN 1.7

(a) *Con esta representación se consigue una impresión rápida de ciertas características básicas de un conjunto de datos: posición, dispersión y simetría o asimetría.*

(b) *La caja del diagrama contiene la mitad central de los datos.*

(c) *A medida que la mediana esté más centrada en la caja, y cuanto más similares sean las longitudes de los bigotes, menos asimétrica es la distribución.*

Capítulo 2

Estudio descriptivo bidimensional de la actividad criminológica

Contenidos

2.1.	Introducción	55
2.2.	Distribuciones marginales y condicionadas	59
2.3.	Independencia de variables estadísticas	62
2.4.	Dependencia lineal	63
2.5.	Regresión lineal	65
2.6.	Correlación	68
2.7.	Análisis cualitativo de la Criminología	73

2.1. Introducción

La mayoría de las variables que interesan en el mundo criminológico suelen estar relacionadas entre sí, en mayor o menor medida. Una vez que hemos realizado el estudio de las distribuciones unidimensionales, obtenidas al estudiar una determinada característica sobre los elementos de una población, nos disponemos ahora a introducir las distribuciones bidimensionales, que surgen cuando analizamos simultáneamente dos características sobre cada elemento de la población.

Como ejemplo podemos considerar el gasto en actividades de ocio de un centro penitenciario y el número de reincidencias de sus internos, o el nivel de calidad de sus instalaciones y el grado de conflictividad, etc.

Supongamos que tenemos una población cuyos elementos son clasificados según dos características cuantitativas, que llamaremos X e Y. Sus diferentes valores los representaremos por x_i e y_j, respectivamente, con $i = 1, 2, ..., k$ y $j = 1, 2, ..., h$.

Al conjunto de valores $\{(x_i, y_j; n_{ij})\}_{\substack{i = 1, 2, ..., k \\ j = 1, 2, ..., h}}$ se le denomina distribución bidimensional de frecuencias, donde n_{ij} es la frecuencia absoluta conjunta del par (x_i, y_j) y $N = \sum_{i=1}^{k} \sum_{j=1}^{h} n_{ij}$ es la frecuencia total.

Para disponer los resultados podemos usar la llamada tabla de correlación, que es una tabla de doble entrada como la siguiente:

$\begin{matrix} & y_j \\ x_i & \end{matrix}$	y_1	y_2	$\cdots$	y_j	$\cdots$	y_h	$n_{i\cdot}$
x_1	n_{11}	n_{12}	$\cdots$	n_{1j}	$\cdots$	n_{1h}	$n_{1\cdot}$
x_2	n_{21}	n_{22}	$\cdots$	n_{2j}	$\cdots$	n_{2h}	$n_{2\cdot}$
$\vdots$	$\vdots$	$\vdots$	$\cdots$	$\vdots$	$\cdots$	$\vdots$	$\vdots$
x_i	n_{i1}	n_{i2}	$\cdots$	n_{ij}	$\cdots$	n_{ih}	$n_{i\cdot}$
$\vdots$	$\vdots$	$\vdots$	$\cdots$	$\vdots$	$\cdots$	$\vdots$	$\vdots$
x_k	n_{k1}	n_{k2}	$\cdots$	n_{kj}	$\cdots$	n_{kh}	$n_{k\cdot}$
$n_{\cdot j}$	$n_{\cdot 1}$	$n_{\cdot 2}$	$\cdots$	$n_{\cdot j}$	$\cdots$	$n_{\cdot h}$	N

donde $n_{i\cdot} = \sum_{j=1}^{h} n_{ij}$ y $n_{\cdot j} = \sum_{i=1}^{k} n_{ij}$ son las frecuencias absolutas marginales de las variables X e Y, respectivamente, y $N = \sum_{i=1}^{k} n_{i\cdot} = \sum_{j=1}^{h} n_{\cdot j}$, siendo k y h el número de categorías o clases de X e Y, respectivamente.

OBSERVACIÓN 2.1

   (a) *Si dividimos cada frecuencia de la tabla anterior entre el número total de elementos observados, N, obtendríamos una nueva tabla, semejante a la primera, salvo que reflejaría las proporciones o frecuencias relativas. Llamaremos f_{ij}*

a la frecuencia relativa conjunta del par (x_i, y_j), $f_{ij} = \dfrac{n_{ij}}{N}$. Análogamente se definen las frecuencias relativas marginales $f_{i\cdot} = \dfrac{n_{i\cdot}}{N} = \displaystyle\sum_{j=1}^{h} f_{ij}$ y

$$f_{\cdot j} = \frac{n_{\cdot j}}{N} = \sum_{i=1}^{k} f_{ij}$$

(b) Como en el caso unidimensional, las distribuciones bidimensionales pueden venir expresadas con valores de la variable agrupados en intervalos o sin agrupar. También puede ocurrir que las características en estudio tengan distinta naturaleza.

(c) En caso de que las dos variables a estudiar sean cualitativas, a la tabla de doble entrada que resume la información se le llama tabla de contingencia.

Muchos estudios estadísticos se inician con una representación gráfica de los datos de los que se dispone. Para el estudio conjunto de dos variables la representación más usada es la que se conoce como diagrama de dispersión o nube de puntos. Consiste en representar los pares (x_i, y_j) sobre un sistema de ejes cartesianos. En la siguiente figura hemos incluido el valor n_{ij} para mostrar que el punto de coordenadas (x_i, y_j) se repite n_{ij} veces.

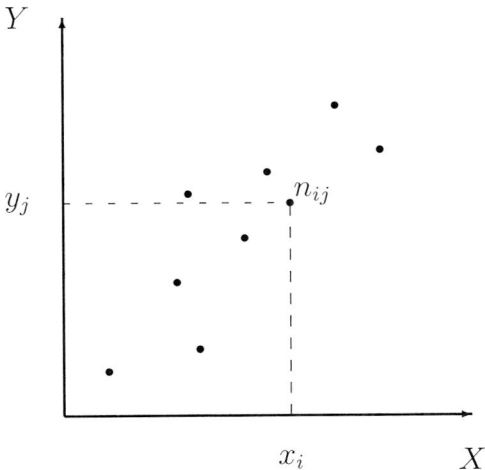

Ejemplo 2.1.1

Un criminólogo está interesado en encontrar la posible relación existente entre la edad en la que un delincuente juvenil comete su primer delito y su posterior actividad criminal en la vida de adulto. Concretamente está interesado en encontrar "explicaciones" al número de arrestos en edad adulta, Y, conociendo la edad del primer arresto juvenil, X. Los datos recogidos de esta distribución bidimensional se presentan en la tabla siguiente:

x_i	14	12	15	13	16	17	13	15	16	16	17	16	14	15	15
y_j	3	4	1	5	0	1	4	1	2	1	0	1	4	3	2

(Fuente: Datos no reales basados en un ejemplo tomado de *Elementary Statistics in Criminal Justice Research*)

Una forma alternativa de representar los datos se hace a través de una tabla de doble entrada o de correlación.

y_j / x_i	0	1	2	3	4	5	$n_{i\cdot}$
12	0	0	0	0	1	0	1
13	0	0	0	0	1	1	2
14	0	0	0	1	1	0	2
15	0	2	1	1	0	0	4
16	1	2	1	0	0	0	4
17	1	1	0	0	0	0	2
$n_{\cdot j}$	2	5	2	2	3	1	$N = 15$

El diagrama de dispersión correspondiente para estas variables sería

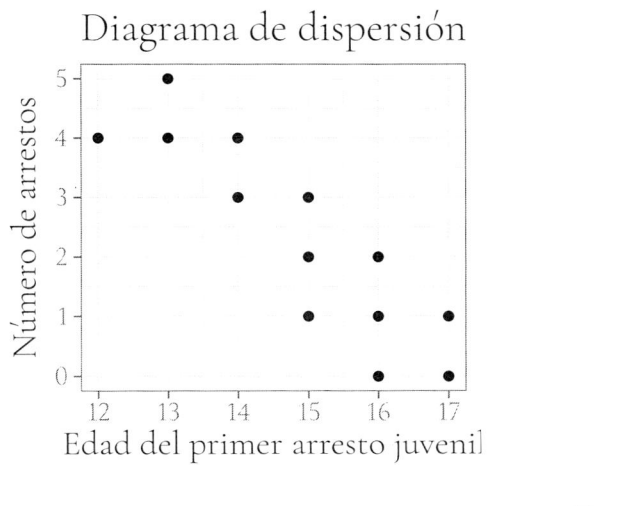

Diagrama de dispersión

2.2. Distribuciones marginales y condicionadas

A veces interesa estudiar aisladamente cada una de las variables. De esta forma obtendríamos dos distribuciones unidimensionales, que serían las correspondientes a cada una de las variables X e Y. A estas distribuciones se les llama distribuciones marginales.

La distribución marginal de X es la distribución que sigue la variable X independientemente de los valores de la variable Y.

x_i	$n_{i\cdot}$	$f_{i\cdot}$
x_1	$n_{1\cdot}$	$f_{1\cdot}$
x_2	$n_{2\cdot}$	$f_{2\cdot}$
$\vdots$	$\vdots$	$\vdots$
x_i	$n_{i\cdot}$	$f_{i\cdot}$
$\vdots$	$\vdots$	$\vdots$
x_k	$n_{k\cdot}$	$f_{k\cdot}$
	N	1

donde $n_{i\cdot} = \sum_{j=1}^{h} n_{ij}$ y $f_{i\cdot} = \dfrac{n_{i\cdot}}{N}$ son, respectivamente, las frecuencias absolutas y relativas marginales de la variable X, con $i = 1, 2, ..., k$.

Análogamente, la distribución marginal de Y es la distribución que sigue la variable Y independientemente de los valores de la variable X.

y_j	$n_{\cdot j}$	$f_{\cdot j}$
y_1	$n_{\cdot 1}$	$f_{\cdot 1}$
y_2	$n_{\cdot 2}$	$f_{\cdot 2}$
$\vdots$	$\vdots$	$\vdots$
y_j	$n_{\cdot j}$	$f_{\cdot j}$
$\vdots$	$\vdots$	$\vdots$
y_h	$n_{\cdot h}$	$f_{\cdot h}$
	N	1

donde $n_{\cdot j} = \sum_{i=1}^{k} n_{ij}$ y $f_{\cdot j} = \dfrac{n_{\cdot j}}{N}$ son, respectivamente, las frecuencias absolutas y relativas marginales de la variable Y, con $j = 1, 2, ..., h$.

Las distribuciones marginales correspondientes a los datos recogidos en el ejemplo 2.1.1 son:

x_i	$n_{i \cdot}$	$f_{i \cdot}$
12	1	$0.0\widehat{6}$
13	2	$0.1\widehat{3}$
14	2	$0.1\widehat{3}$
15	4	$0.2\widehat{6}$
16	4	$0.2\widehat{6}$
17	2	$0.1\widehat{3}$
	$N = 15$	1

y_j	$n_{\cdot j}$	$f_{\cdot j}$
0	2	$0.1\widehat{3}$
1	5	$0.\widehat{3}$
2	2	$0.1\widehat{3}$
3	2	$0.1\widehat{3}$
4	3	0.2
5	1	$0.0\widehat{6}$
	$N = 15$	1

Otro tipo de distribuciones unidimensionales que se obtienen a partir de las bidimensionales son las distribuciones condicionadas. Son distribuciones que se obtienen manteniendo fijo un valor en una de las variables (o un rango de valores) y considerando los valores que toma la otra con sus respectivas frecuencias.

La distribución condicionada de X respecto de $Y = y_j$ es la distribución que sigue la variable X cuando la variable Y toma el valor y_j.

Distribuciones marginales y condicionadas

$x_i|Y=y_j$	$n_{i|j}$	$f_{i|j}$
x_1	n_{1j}	$f_{1|j}$
x_2	n_{2j}	$f_{2|j}$
$\vdots$	$\vdots$	$\vdots$
x_i	n_{ij}	$f_{i|j}$
$\vdots$	$\vdots$	$\vdots$
x_k	n_{kj}	$f_{k|j}$
	$n_{\cdot j}$	1

Se han escrito las frecuencias condicionadas absolutas como $n_{i|j}$ ($= n_{ij}$) y las frecuencias condicionadas relativas como $f_{i|j} = \dfrac{n_{ij}}{n_{\cdot j}}$ (proporción de valores, entre los que $Y = y_j$, para los cuales $X = x_i$, con $i = 1, 2, ..., k$). Obsérvese que las frecuencias de la distribución $X|Y = y_j$ son las correspondientes a la j-ésima columna de la tabla de correlación.

De forma análoga se obtiene la distribución condicionada de Y respecto de $X = x_i$, distribución de los valores de Y cuando X toma el valor x_i.

La distribución condicionada de Y respecto de $X = x_i$ es la distribución que sigue la variable Y cuando la variable X toma el valor x_i.

$y_j|X=x_i$	$n_{j|i}$	$f_{j|i}$
y_1	n_{i1}	$f_{1|i}$
y_2	n_{i2}	$f_{2|i}$
$\vdots$	$\vdots$	$\vdots$
y_j	n_{ij}	$f_{j|i}$
$\vdots$	$\vdots$	$\vdots$
y_h	n_{ih}	$f_{h|i}$
	$n_{i\cdot}$	1

Se han escrito las frecuencias condicionadas absolutas como $n_{j|i}$ ($= n_{ij}$) y las frecuencias condicionadas relativas como $f_{j|i} = \dfrac{n_{ij}}{n_{i\cdot}}$ (proporción de valores, entre los que $X = x_i$, para los cuales $Y = y_j$, con $j = 1, 2, ..., h$). Obsérvese que las frecuencias de la distribución $Y|X = x_i$ son las correspondientes a la i-ésima fila de la tabla de correlación.

De entre todas las posibles distribuciones condicionadas correspondientes al ejemplo 2.1.1, hemos seleccionado las dos siguientes:

$x_i|Y=2$	$n_{i|3}$	$f_{i|3}$
12	0	0
13	0	0
14	0	0
15	1	0.5
16	1	0.5
17	0	0
	$n_{\cdot 3} = 2$	1

$y_j|X=16$	$n_{j|5}$	$f_{j|5}$
0	1	0.25
1	2	0.5
2	1	0.25
3	0	0
4	0	0
5	0	0
	$n_{5\cdot} = 4$	1

2.3. Independencia de variables estadísticas

La idea de independencia es de gran importancia en el mundo estadístico. Es por ello que conviene tener clara su definición, desde el punto de vista estadístico.

Se dice que X e Y dependen funcionalmente si podemos calcular los valores de una variable a partir de los de la otra.

Diremos que X e Y dependen estadísticamente cuando los valores de una de las variables influyen sobre la distribución de la otra. Por contra, cuando los valores que toma una de las variables no nos aportan información sobre el comportamiento de la otra, diremos que las variables son estadísticamente independientes.

Para señalar la existencia de independencia entre dos variables existen diferentes herramientas estadísticas que podemos utilizar. La definición más intuitiva de independencia relaciona las frecuencias relativas marginales y las condicionadas según la expresión:

$$f_{i\cdot} = f_{i|j}, \text{ para todo } (i, j)$$

Si la igualdad no se verifica para algún par (i, j), diremos que las variables no son estadísticamente independientes.

De forma equivalente se considera que las variables X e Y son estadísticamente independientes si para todo (i, j) se verifica que

$$f_{ij} = f_{i\cdot}f_{\cdot j}$$

Esta expresión es fácilmente deducible teniendo en cuenta la definición de frecuencia condicionada relativa

$$f_{i|j} = \frac{f_{ij}}{f_{\cdot j}}$$

Ejemplo 2.3.1

Para las variables X e Y del ejemplo 2.1.1, como se verifica que:

$$f_{15} = \frac{1}{15} \neq f_{1\cdot}f_{\cdot 5} = \frac{1}{15} \cdot \frac{3}{15}$$

deducimos que X e Y no pueden considerarse independientes, es decir, la edad en la que un delincuente juvenil comete su primer delito y su posterior actividad criminal como adulto no son estadísticamente independientes.

2.4. Dependencia lineal

Uno de los grandes objetivos de la ciencia criminológica es el estudio de las causas del crimen para el desarrollo de programas y políticas de control del mismo. Este es el motivo por el que muchos estudios criminológicos se dedican al análisis de las relaciones entre dos o más variables.

2.4.1 Covarianza

Entre dos variables dependientes suele interesar medir la asociación lineal entre ellas. Para hacerlo se define la covarianza entre las variables X e Y, como:

$$s_{XY} = \sum_{i=1}^{k} \sum_{j=1}^{h} (x_i - \overline{x})(y_j - \overline{y}) \cdot \frac{n_{ij}}{N} = \sum_{i=1}^{k} \sum_{j=1}^{h} x_i y_j \cdot \frac{n_{ij}}{N} - \overline{x} \cdot \overline{y}$$

A veces se usa también la cuasicovarianza, definida por:

$$s_{c_{XY}} = \sum_{i=1}^{k} \sum_{j=1}^{h} (x_i - \overline{x})(y_j - \overline{y}) \cdot \frac{n_{ij}}{N-1}$$

Evidentemente,

$$N \cdot s_{XY} = (N-1) \cdot s_{c_{XY}}$$

Ejemplo 2.4.1

Si seguimos utilizando los datos del ejemplo 2.1.1 para calcular la covarianza, s_{XY}, y la cuasicovarianza, $s_{c_{XY}}$, empleando la definición anterior procedemos de la forma siguiente:

$\begin{array}{c}\;\;y_j\\[-4pt]x_i\end{array}$	0	1	2	3	4	5	$n_{i\cdot}$	$x_i n_{i\cdot}$	$\displaystyle\sum_{j=1}^{h} x_i y_j n_{ij}$
12	0	0	0	0	1	0	1	12	48
13	0	0	0	0	1	1	2	26	117
14	0	0	0	1	1	0	2	28	98
15	0	2	1	1	0	0	4	60	105
16	1	2	1	0	0	0	4	64	64
17	1	1	0	0	0	0	2	34	17
$n_{\cdot j}$	2	5	2	2	3	1	$N=15$	224	449
$y_j n_{\cdot j}$	0	5	4	6	12	5	32		

$$s_{XY} = \sum_{i=1}^{k}\sum_{j=1}^{h} x_i y_j \cdot \frac{n_{ij}}{N} - \overline{x}\cdot\overline{y} = \frac{449}{15} - \frac{224}{15}\cdot\frac{32}{15} = -1.92\widehat{4}$$

$$s_{c_{XY}} = \frac{N}{N-1}\cdot s_{XY} = \frac{15}{14}\cdot(-1.92\widehat{4}) = -2.0619.$$

Ejemplo 2.4.2

Como en el caso de la desviación típica, el paquete estadístico R no tiene una función directa para obtener la covarianza, sino que obtiene la cuasi-covarianza. Ejecutamos en la ventana R script el comando cov(x,y), obteniendo $s_{c_{XY}} = -2.061905$. Entonces, la covarianza

$$s_{XY} = \frac{N-1}{N}\cdot s_{c_{XY}} = \frac{14}{15}\cdot(-2.061905) = -1.9244.$$

Cuando X e Y varían conjuntamente de forma lineal, gráficas (A) y (B) de la figura 2.1, la covarianza será alta. Cuando no exista relación entre X e

Y, gráfica (C), o exista una relación marcadamente no lineal, gráfica (D), la covarianza será próxima a cero.

Si $s_{XY} > 0 \Rightarrow X$ e Y varían de forma lineal en el mismo sentido, es decir, existe una tendencia a que los valores mayores de una variable aparezcan asociados a los valores mayores de la otra. Diremos que hay asociación lineal directa. (Ver figura A).

Si $s_{XY} < 0 \Rightarrow X$ e Y varían de forma lineal en sentido opuesto, y presentan asociación lineal inversa. (Ver figura B).

Cuando $s_{XY} = 0$, es decir haya ausencia de asociación lineal, diremos que las variables X e Y son incorreladas.

Como en nuestro ejemplo $s_{XY} = -1.9244$, podemos concluir que las variables X e Y varían de forma lineal en sentido opuesto, es decir, presentan asociación lineal inversa. La representación gráfica dada en el ejemplo 2.1.1 nos confirma esta conclusión.

2.4.2   Coeficiente de correlación lineal

La covarianza es un coeficiente cuyo valor depende de las unidades en que vengan expresadas las variables, y además, no está acotada. Sería deseable un indicador que fuese adimensional, y a ser posible, que estuviese acotado para una mejor interpretación del mismo.

Se define el coeficiente de correlación lineal como

$$r = \frac{s_{XY}}{s_X s_Y}$$

Este coeficiente, al igual que la covarianza, nos proporciona el tipo de la relación lineal entre dos variables. Es una medida adimensional y sus posibles valores se mueven en un intervalo acotado. Además aporta información sobre la intensidad o grado de la dependencia lineal entre las variables implicadas (el estudio de este coeficiente se desarrollará en el apartado de correlación).

2.5.   Regresión lineal

La regresión tiene por objeto poner de manifiesto, a partir de la información de que se disponga, la estructura de dependencia que mejor explique el comportamiento de una variable Y (variable dependiente o explicada) a través de

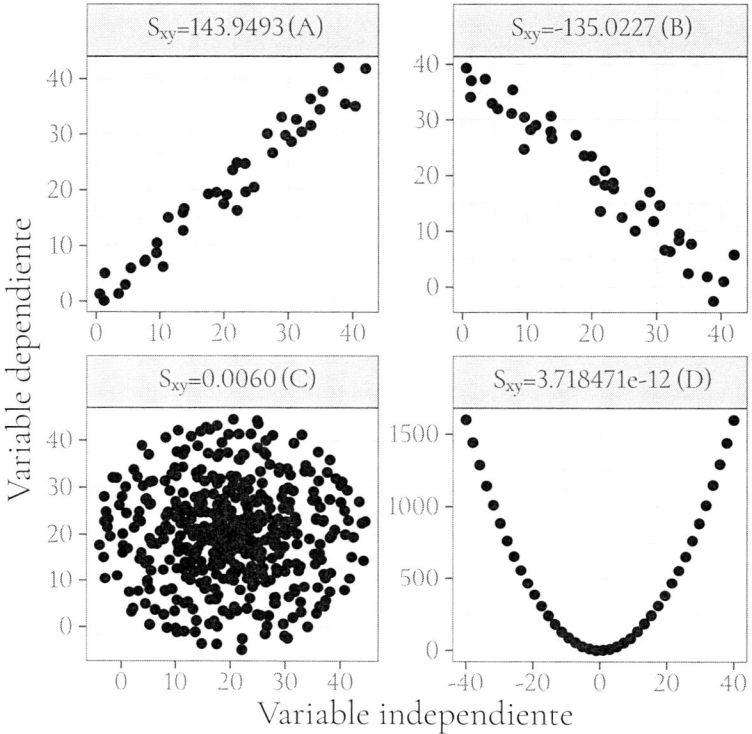

Figura 2.1: Diagrama de dispersión para diferentes configuraciones de datos junto con el cálculo de la covarianza

un conjunto de variables $X_1, X_2, \ldots, X_p$ (variables independientes o explicativas), con las que se supone que está relacionada.

El caso que nos disponemos a estudiar utiliza una sola variable explicativa y como estructura de dependencia el modelo lineal, y se conoce como Regresión Lineal Simple.

Una vez confirmado que la observación de la nube de puntos nos indica cierta dependencia lineal entre nuestros datos, la recta de regresión de Y sobre X es:

$$y = a + bx$$

en la que:

$$b = \frac{s_{XY}}{s_X^2} \quad a = \overline{y} - b\overline{x}$$

Por tanto, la ecuación de la recta que nos explicará el comportamiento de la variable Y conocido el de la X, puede ser expresada como sigue:

$$r_{Y|X} \equiv y = \underbrace{\left(\overline{y} - \frac{s_{XY}}{s_X^2} \cdot \overline{x} \right)}_{a} + \underbrace{\frac{s_{XY}}{s_X^2} \cdot x}_{b}$$

Ejemplo 2.5.1

Para cierto conjunto de datos X e Y se han obtenido los resultados: $\overline{x} = 20.7580$; $\overline{y} = 20.6987$; $s_{XY} = 143.9493$; $s_X^2 = 146.0626$. La ecuación de la recta que nos explicará el comportamiento de la variable Y conocido el de la X es:

$$r_{Y|X} \equiv y = a + bx = \left(\overline{y} - \frac{s_{XY}}{s_X^2} \cdot \overline{x} \right) + \frac{s_{XY}}{s_X^2} \cdot x = 0.2409 + 0.9855x$$

y con representación gráfica:

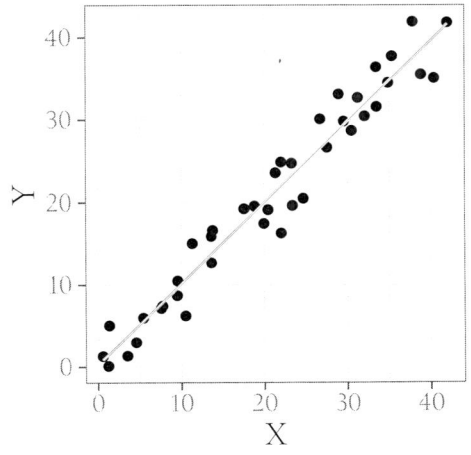

2.6. Correlación

La regresión simple nos ha proporcionado la forma funcional de la relación entre dos variables. Pero es necesario analizar también la intensidad de esa relación. El objetivo de la correlación es estudiar el grado de asociación existente entre las variables, es decir, proporcionar unos coeficientes que nos midan el grado de dependencia mutua entre las variables.

Diremos que la dependencia es "perfecta" o que existe una dependencia "funcional" entre las variables si todos los puntos del diagrama de dispersión se encuentran sobre la línea de regresión.

Cuanto más lejos se encuentren dichos puntos de la línea de regresión, menor será la intensidad de la dependencia entre las variables consideradas (ver figura 2.2).

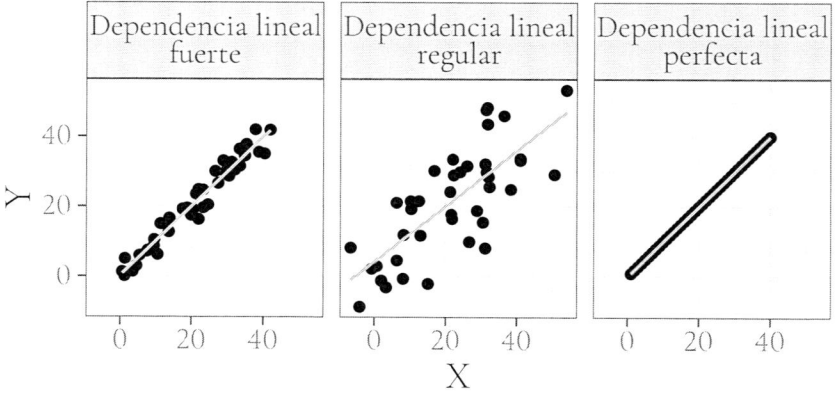

Figura 2.2: Datos simulados que muestran diferentes fortalezas de la relación lineal entre las dos variables estadísticas.

Toda línea de regresión debe ir acompañada de una medida de la "bondad" o "representatividad" del ajuste.

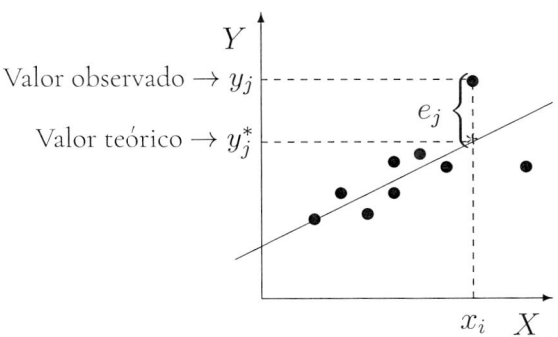

La varianza residual es el coeficiente que mide la variabilidad de los residuos o errores y viene dada por la expresión

$$s_{r_Y}^2 = \sum_{i=1}^{k}\sum_{j=1}^{h}(y_j - y_j^*)^2 \cdot \frac{n_{ij}}{N} = \sum_{i=1}^{k}\sum_{j=1}^{h}e_j^2 \cdot \frac{n_{ij}}{N}$$

siendo, en el caso lineal, $y_j^* = a + bx_i$ y los valores $e_j = y_j - y_j^*$ los residuos o errores.

(a) Valores grandes de $s_{r_Y}^2$ indican que, en promedio, los errores $e_j = y_j - y_j^*$ son grandes, y como consecuencia, la línea de regresión es poco representativa.

(b) Valores pequeños de $s_{r_Y}^2$ indicarían que, en promedio, los errores $e_j = y_j - y_j^*$ son pequeños, y por tanto, la línea de regresión es representativa. La máxima representatividad del ajuste se tiene si $e_j = 0$ para todo j, es decir, cuando $s_{r_Y}^2 = 0$, que es el mínimo valor que la varianza residual puede alcanzar.

La varianza residual tiene el inconveniente de que depende de las unidades de medida al cuadrado. Esto hace que no sea posible comparar el grado de dependencia entre grupos de variables expresadas en distintas unidades de medida. Necesitamos por tanto una medida adimensional.

Para ello, definimos el coeficiente de determinación como

$$R^2 = 1 - \frac{s_{r_Y}^2}{s_Y^2}$$

Al estar R^2 definido por cociente entre varianzas es un parámetro independiente de las unidades de medida. Esto nos permitirá comparar resultados entre las asociaciones de diferentes grupos de variables.

Además, su rango de variación es acotado, $0 \leq R^2 \leq 1$, ya que se verifica que $0 \leq s_{r_Y}^2 \leq s_Y^2$. Esto supone una ventaja añadida a la hora de su interpretación.

(a) Si el ajuste es perfecto, es decir, todos los puntos del diagrama de dispersión se sitúan sobre la línea calculada ($s_{r_Y}^2 = 0$), entones $R^2 = 1$.

(b) Cuanto mayor sea la distancia de los puntos a la línea de regresión, mayor es $s_{r_Y}^2$ y menor R^2. El valor mínimo de éste, $R^2 = 0$, se alcanza cuando $s_{r_Y}^2 = s_Y^2$, en cuyo caso no se consigue ninguna explicación de la variable Y relacionándola con la X mediante la línea considerada.

Cuando el coeficiente de determinación vale como mínimo 0.75, el modelo ajustado suele aceptarse. Si el coeficiente es inferior a dicho valor, concluiremos que la relación elegida no es adecuada, debiéndose ensayar con otro tipo de función.

Recordemos que el coeficiente de correlación lineal se define como

$$r = \frac{s_{XY}}{s_X s_Y}$$

Este coeficiente nos proporciona el grado de asociación lineal entre las variables, y el tipo de dicha relación.

Puede demostrarse que, en el caso lineal, se verifica que $R^2 = r^2$.

Al verificarse que $R^2 = r^2$ y $0 \leq R^2 \leq 1$, se tendrá que $-1 \leq r \leq 1$. El signo hace alusión al tipo (lineal directa o lineal inversa) y su valor en términos absolutos, a la intensidad de la relación.

Interpretación del valor de r

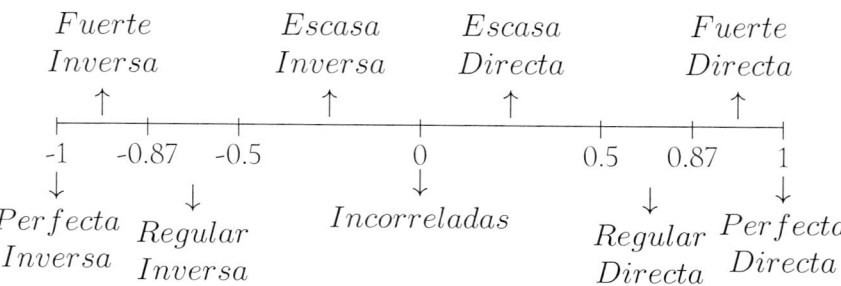

Ejemplo 2.6.1

Comparemos los valores de R^2 y r obtenidos con los datos que nos han proporcionado las gráficas siguientes:

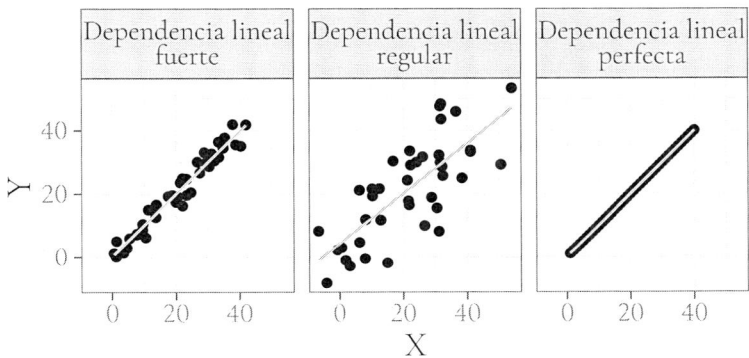

Para obtener el coeficiente de correlación lineal, r, debemos seguir la ruta Estadísticos → Resúmenes → Matriz de correlaciones... y elegir las dos variables en estudio. Para la gráfica más a la izquierda obtenemos $r = 0.9762$ y $R^2 = 0.9530$, para la gráfica central $r = 0.7566$ y $R^2 = 0.5725$; finalmente, para la gráfica más a la derecha obtenemos $r = 1$ y $R^2 = 1$.

Ejemplo 2.6.2

En la tabla siguiente se recoge información sobre la tasa de paro, X, junto con el "número de robos en zonas residenciales privadas, expresado en cientos de miles", Y, correspondientes al periodo 2003-2013 en España:

Año	2003	2004	2005	2006	2007	2008
x_i	11.5	11	9.2	8.5	8.2	11.3
y_j	0.88	0.82	0.81	0.81	0.73	0.94

Año	2009	2010	2011	2012	2013
x_i	17.9	19.9	21.4	24.8	26.1
y_j	0.98	1.1	1.01	1.26	1.34

(Fuente: Eurostat)

Introducidos los datos pulsaremos los menús **Estadísticos** → **Ajuste de modelos** → **Regresión lineal...**, eligiendo como **variable explicada** la Y y como como **variable explicativa** la X. En la consola de R commander aparacerá un resumen del modelo [a]:

```
  Call:
lm(formula = yvar ~ xvar, data = data8)

Residuals:
    Min        1Q    Median       3Q       Max
-0.12479 -0.03553   0.01047   0.03074   0.08276

Coefficients:
            Estimate Std. Error t value Pr(>|t|)
(Intercept) 0.546715   0.050006  10.933  1.7e-06 ***
xvar        0.027480   0.002991   9.189  7.2e-06 ***
---
Signif. codes:  0 '***' 0.001 '**' 0.01 '*' 0.05 '.' 0.1

Residual standard error: 0.06376 on 9 degrees of freedom
Multiple R-squared:  0.9037,  Adjusted R-squared:  0.893
F-statistic: 84.44 on 1 and 9 DF,  p-value: 7.201e-06
```

Para el cáculo de la recta de regresión debemos mirar en **Coefficients**, en concreto la columna **Estimate** donde se encuentra la ordenada en el origen (Intercept) y la pendiente. Es decir, nuestro modelo es

$$y = 0.546715 + 0.027480\,x,$$

siendo el coeficiente de determinación $R^2 = 0.9037$. La siguiente figura muestra el diagrama de dispersión con la recta de regresión calculada.

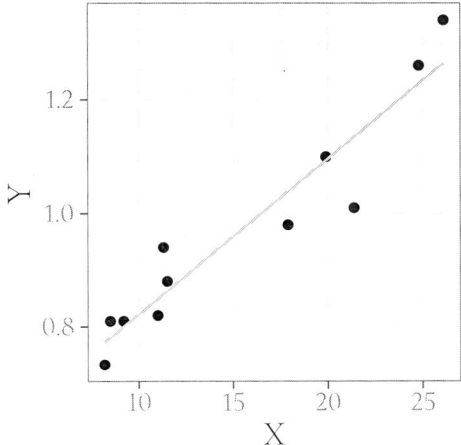

---

[a]R commander llama a este modelo RegModel.1 de manera automática, pero puede cambiarse dicho nombre por uno más adecuado

2.7. Análisis cualitativo de la Criminología

En este apartado vamos a proporcionar coeficientes que nos permitan medir el grado de asociación o de dependencia entre variables cuya escala de medida sea nominal (variables cualitativas) u ordinal.

Para ello se usa como principal herramienta la tabla de doble entrada que, como ya se indicó, recibe el nombre de tabla de contingencia:

a_i \ b_j	b_1	b_2	$\cdots$	b_j	$\cdots$	b_h	$n_{i.}$
a_1	n_{11}	n_{12}	$\cdots$	n_{1j}	$\cdots$	n_{1h}	$n_{1.}$
a_2	n_{21}	n_{22}	$\cdots$	n_{2j}	$\cdots$	n_{2h}	$n_{2.}$
$\vdots$	$\vdots$	$\vdots$	$\cdots$	$\vdots$	$\cdots$	$\vdots$	$\vdots$
a_i	n_{i1}	n_{i2}	$\cdots$	n_{ij}	$\cdots$	n_{ih}	$n_{i.}$
$\vdots$	$\vdots$	$\vdots$	$\cdots$	$\vdots$	$\cdots$	$\vdots$	$\vdots$
a_k	n_{k1}	n_{k2}	$\cdots$	n_{kj}	$\cdots$	n_{kh}	$n_{k.}$
$n_{.j}$	$n_{.1}$	$n_{.2}$	$\cdots$	$n_{.j}$	$\cdots$	$n_{.h}$	N

y en base a ella calcularemos una serie de medidas de asociación.

2.7.1 Medidas de asociación a nivel nominal

Algunas de estas medidas están basadas en el valor del llamado estadístico chi-cuadrado, el cual compara las frecuencias observadas, n_{ij}, y las que cabría esperar si no existiese asociación entre las variables, e_{ij}:

$$\chi^2 = \sum_{i=1}^{k} \sum_{j=1}^{h} \frac{(n_{ij} - e_{ij})^2}{e_{ij}}.$$

El cálculo de las frecuencias esperadas se realiza de la forma siguiente:

$$e_{ij} = \frac{n_{i.} n_{.j}}{N},$$

debido a que bajo la hipótesis de independencia se verifica $f_{ij} = f_{i.} f_{.j}$, para todo (i, j), o lo que es los mismo, $f_{ij} = \dfrac{e_{ij}}{N} = \dfrac{n_{i.} n_{.j}}{N \cdot N} = f_{i.} f_{.j}$

En todos los casos el valor igual a cero del estadístico indicaría la ausencia de asociación entre las variables consideradas.

Algunas medidas de asociación basadas en χ^2 son:

(1) Coeficiente Phi (ϕ) de Cramer (para tablas 2×2)

$$\phi = \sqrt{\frac{\chi^2}{N}}$$

Este coeficiente está normalizado, es decir, oscila entre cero y uno en tablas 2×2. Un valor de ϕ igual a uno se interpretaría como una asociación perfecta entre ambas variables.

En tablas de otras dimensiones el coeficiente Phi (ϕ) puede tomar valores superiores a uno. En estos casos es recomendable utilizar otro coeficiente.

Ejemplo 2.7.1

En base a las estadísticas de adultos condenados del año 2014 proporcionadas por el INE, se obtiene la siguiente tabla de contingencia que clasifica a los delitos según el continente de procedencia del autor y según el lugar de condena (nos centramos en las provincias de Cádiz y Cantabria):

n_{ij}	América	África	$n_{i\cdot}$
Cádiz	187	790	977
Cantabria	214	63	277
$n_{\cdot j}$	401	853	$N = 1\,254$

(Fuente: Explotación del INE del Registro Central de Penados)

Queremos estudiar el grado de asociación existente entre continente de procedencia del autor y la provincia de condena.

Si no existiese asociación entre las variables, es decir, fueran independientes, las frecuencias esperadas, e_{ij}, se calcularían de la forma siguiente

$$e_{ij} = \frac{n_{i\cdot} n_{\cdot j}}{N},$$

e_{ij}	América	África	$e_{i\cdot}$
Cádiz	312.42	664.58	977
Cantabria	88.58	188.42	277
$e_{\cdot j}$	401	853	$N = 1\,254$

$$\chi^2 = \sum_{i=1}^{2} \sum_{j=1}^{2} \frac{(n_{ij} - e_{ij})^2}{e_{ij}} = \frac{(187 - 312,42)^2}{312.42}$$

$$+\frac{(790-664.58)^2}{664.58}+\frac{(214-88.58)^2}{88.58}+\frac{(63-188.42)^2}{188.42}=335.098$$

Entonces

$$\phi=\sqrt{\frac{\chi^2}{N}}=\sqrt{\frac{335.098}{1\,254}}=0.5169$$

Como $0\leq\phi\leq1$, un valor de $\phi=0.5169$ sería un indicador de la existencia de una asociación de intensidad media entre las variables objeto de nuestro estudio.

Ejemplo 2.7.2

En R commander, pulsamos los menús Estadísticos → Tablas de contingencia → Introducir y analizar una tabla de doble entrada, puede realizarse el ejemplo anterior . Aparecerá una ventana en la podremos cambiar los nombres de las filas y las columnas e introducir los valores de la tabla de contingencia en las correspondientes casillas.

En dicha ventana también aparece una pestaña llamada Estadísticos, pudiendo seleccionar los resultados que queremos que R commander nos devuelva. Para este ejercicio vamos a seleccionar *Sin porcentajes*, *Test de independencia Chi-cuadrado*, *Componentes del estadístico Chi-cuadrado* e *Imprimir las frecuencias esperadas*. Los resultados obtenidos son:

```
        Pearson's Chi-squared test

data:   .Table
X-squared = 335.1, df = 1, p-value < 2.2e-16

# Expected Counts
           América África
Cádiz      312.42185 664.5781
Cantabria  88.57815 188.4219

# Chi-square Components
           América África
```

| Cádiz | 50.35 | 23.67 |
| Cantabria | 177.59 | 83.49 |

El test Chi-cuadrado nos da el valor $\chi^2 = 335.1$ como en el anterior ejemplo. Puede comprobarse también que los resultados parciales (componentes del estadístico Chi-cuadrado y frecuencias esperadas) coinciden con los resultados obtenidos en el ejemplo anterior.

Los siguientes ejemplos se realizarán de la misma manera en **R commander**, es decir, primero se obtendrá el valor del estadístico χ^2 y después se aplicará la fórmula correspondiente.

A continuación se presentan los coeficientes C de contingencia y V de Cramer.

(2) Coeficiente C de contingencia

$$C = \sqrt{\frac{\chi^2}{N + \chi^2}}$$

Es una extensión de Phi (ϕ) y no es una medida normalizada. El límite superior de C, correspondiente a una asociación completa entre las variables, es el valor

$$C_{max} = \sqrt{1 - \frac{1}{\text{mín}(k, h)}}$$

Evidentemente, cuanto más próximo sea el valor de C al límite superior C_{max} más fuerte será la relación entre las variables.

(3) Coeficiente V de Cramer

$$V = \sqrt{\frac{\chi^2}{N \cdot \text{mín}(k - 1, h - 1)}}$$

Es también una extensión del coeficiente Phi (ϕ), pero en este caso sí se encuentra normalizado ($0 \leq V \leq 1$). Cuanto más próximo sea el valor de V a uno, más fuerte será la relación entre las variables. El problema de este coeficiente es que tiende a subestimar el grado de asociación entre las variables.

Ejemplo 2.7.3 ✎

En la tabla siguiente se informa de los veredictos, W, que recibieron ciertos delitos, clasificados según su naturaleza, y que fueron juzgados y condenados con prisión por diferentes tribunales de lo penal.

n_{ij}	W_1	W_2	W_3	W_4	$n_{i\cdot}$
Contra Patrimonio	6 737	30 099	10	5	36 851
Contra Salud Pública	137	3 503	1	2	3 643
Contra Medio Ambiente	35	63	0	0	98
Contra Adm. Pública	7	14	0	0	21
$n_{\cdot j}$	6 916	33 679	11	7	$N = 40\,613$

Siendo

$W_1 = $ "Prisión de 2 a 6 meses",
$W_2 = $ "Prisión de 6 meses a 2 años",
$W_3 = $ "Prisión de 2 a 4 años" y
$W_4 = $ "Prisión de 4 a 10 años".

En este caso,

e_{ij}	W_1	W_2	W_3	W_4	$e_{i\cdot}$
C. Patrimonio	6 275.37	30 559.30	9.98	6.35	36 851
C. Salud Pública	620.37	3 021.02	0.98	0.63	3 643
C. Medio Ambiente	16.69	81.27	0.03	0.01	98
C. Adm. Pública	3.57	17.41	0.01	0.01	21
$e_{\cdot j}$	6 916	33 679	11	7	$N = 40\,613$

$$\chi^2 = \sum_{i=1}^{4} \sum_{j=1}^{4} \frac{(n_{ij} - e_{ij})^2}{e_{ij}} = 525.9041$$

Calculemos e interpretemos el valor de estos dos últimos coeficientes:

$$C = \sqrt{\frac{\chi^2}{N + \chi^2}} = \sqrt{\frac{525.9041}{40\,613 + 525.9041}} = 0.1130$$

En este caso

$$0 \leq C \leq \sqrt{1 - \frac{1}{\text{mín}(4, 4)}} \Leftrightarrow 0 \leq C \leq 0.866$$

El valor de $C = 0.1130$, supone el $13.05\,\%$ del máximo valor posible, $C_{max} = 0.866$. Es decir, existe una asociación que podemos considerar como débil o escasa entre las variables objeto de nuestro estudio.

Por otro lado,

$$V = \sqrt{\frac{\chi^2}{N \cdot \text{mín}(k - 1, h - 1)}} = \sqrt{\frac{525.9041}{40\,613 \cdot 3}} = 0.0657$$

que también indicaría una asociación débil (recordemos que $0 \leq V \leq 1$).

2.7.2 Medidas de asociación a nivel ordinal

Recordemos que en el caso de los datos ordinales las categorías de la variable implican una ordenación. Se presentan una serie de medidas de asociación que permiten utilizar esa información ordinal que las medidas de nivel nominal no tienen en cuenta. Ello permite que estas medidas ofrezcan más detalle sobre la relación entre las variables, pues no sólo se va a indicar la intensidad de la asociación (baja, media o alta), sino también la dirección de esa asociación (positiva o negativa).

Un valor positivo de estos coeficientes indicaría que valores altos de una variable se corresponden con valores altos de la otra variable, y que los valores bajos de ambas también se corresponden entre sí. Un valor negativo indicaría que los valores altos de una variable se corresponden con los valores bajos de la otra, y viceversa.

Todas las medidas de asociación para variables ordinales toman valores entre menos uno y uno. Un valor de la medida igual a menos uno indicaría una relación perfecta y negativa (inversa), un valor igual a uno indicaría una relación perfecta y positiva (directa) y un valor igual a cero indicaría ausencia de relación entre las variables.

Las medidas de este tipo más utilizadas se basan en el concepto de pares *concordantes* y *discordantes*, que definimos a continuación.

- Si los dos valores de un par son mayores (o menores) que los dos valores de otro, diremos que se produce una *concordancia*.

- Si el valor de un par en una de las variables es mayor que el correspondiente valor en el otro par, y en la segunda variable ocurre lo contrario, diremos que se produce una *discordancia*.

- Si los dos pares tienen valores idénticos en una o en las dos variables, se produce un *empate*.

Las dos medidas de asociación que se presentan están basadas en el número de concordancias y discordancias.

Si llamamos P_c al número de pares concordantes, y P_d al número de pares discordantes, se definen las medidas:

(1) Coeficiente Gamma (γ)

$$\gamma = \frac{P_c - P_d}{P_c + P_d}$$

(2) Coeficiente Tau-c de Kendall (τ_c)

$$\tau_c = \frac{2m(P_c - P_d)}{N^2(m - 1)}$$

siendo $m = \text{mín}\{k, h\}$, k y h el número de filas y columnas, respectivamente, y N el número total datos.

El coeficiente Gamma (γ) puede usarse en tablas de cualquier dimensión, mientras que el Tau-c (τ_c) se aconseja en tablas no cuadradas.

Ejemplo 2.7.4 🖥

La tabla siguiente contiene información sobre la opininión respecto a la capacitación de los miembros de las Fuerzas Armadas atendiendo al nivel de estudios del entrevistado:

	Básicos	FP o Bachillerato	Universitarios
Nada o poco capacitados	238	186	140
Bastante capacitados	601	345	211
Muy capacitados	158	84	42

(Fuente: Informe de resultados del estudio E2998 del CIS: "Defensa Nacional y Fuerzas Armadas", septiembre 2013)

Queremos calcular los coeficientes Gamma (γ) y Tau-c (τ_c). Para ayudarnos a calcular el número de pares concordantes y discordantes de este ejemplo vamos a utilizar la notación matricial. La celda (i, j) representará al par formado por las observaciones correspondientes a la fila i y la columna j de las variables consideradas.

	Básicos	FP o Bachillerato	Universitarios
Nada o poco capacitados	Celda (1,1) 238	Celda (1,2) 186	Celda (1,3) 140
Bastante capacitados	Celda (2,1) 601	Celda (2,2) 345	Celda (2,3) 211
Muy capacitados	Celda (3,1) 158	Celda (3,2) 84	Celda (3,3) 42

- Las celdas (pares) concordantes con la celda (par) (1,1), son: (2,2), (2,3), (3,2) y (3,3).

- Las celdas concordantes con la celda (1,2), son: (2,3), y (3,3).

- Las celdas concordantes con la celda (2,1), son: (3,2), y (3,3).

- La celda concordante con la celda (2,2) es la (3,3).

- Las celdas discordantes con la celda (1,3), son: (2,1), (2,2), (3,1) y (3,2).

- Las celdas discordantes con la celda (1,2), son: (2,1), y (3,1).

- Las celdas discordantes con la celda (2,3), son: (3,1), y (3,2).

- La celda discordante con la celda (2,2) es la (3,1).

Por tanto,
$P_c = 238 \cdot 345 + 238 \cdot 211 + 238 \cdot 84 + 238 \cdot 42 + 186 \cdot 211$
$+186 \cdot 42 + 601 \cdot 84 + 601 \cdot 42 + 345 \cdot 42 = 299\,590.$

$P_d = 140 \cdot 601 + 140 \cdot 345 + 140 \cdot 158 + 140 \cdot 84$
$+186 \cdot 601 + 186 \cdot 158 + 211 \cdot 158 + 211 \cdot 84 + 345 \cdot 158 = 413\,066.$

(1) Coeficiente Gamma (γ)

$$\gamma = \frac{P_c - P_d}{P_c + P_d} = \frac{299\,590 - 413\,066}{299\,590 + 413\,066} = -0.15923$$

(2) Coeficiente Tau-c de Kendall (τ_c)[a]

$$\tau_c = \frac{2m(P_c - P_d)}{N^2(m-1)} = \frac{2 \cdot 3(299\,590 - 413\,066)}{2005^2(3-1)} = -0.08468$$

Existe una relación negativa (inversa) entre el nivel de estudios del entrevistado y su opinión respecto de la capacitación de los miembros de las fuerzas armadas.

Estadísticos → Tablas de contingencia → Introducir y analizar una tabla de doble entrada será la ruta para introducir los datos de la tabla.

---

[a]Aunque el coeficiente τ_c se aconseja en tablas no cuadradas ha sido calculado para una tabla 3×3 a modo ilustrativo.

Capítulo 3

Comparaciones transversales y longitudinales de datos criminológicos

Contenidos

3.1.	Conceptos básicos: Números índices, tasas y razones . . .	83
3.2.	Tasas de incidencia y de prevalencia	86
3.3.	Introducción a las series temporales	89
3.4.	Análisis de la tendencia de una serie temporal	91

3.1. Conceptos básicos: Números índices, tasas y razones

En el análisis de datos de casi cualquier ámbito de estudio se necesita continuamente hacer comparaciones, ya sea de dos magnitudes medidas en el mismo periodo de tiempo, o en dos momentos diferentes. Por ello, interesa calcular indicadores que comparen realidades de forma transversal, en el primer caso, y longitudinal, en el segundo estudiando así la evolución de la magnitud a lo largo del tiempo.

Definición 3.1 *Se llama número índice a aquella medida estadística que nos permite estudiar el incremento relativo que se produce en una variable a lo largo del tiempo o del espacio.*

Lo más habitual es estudiar la evolución de la variable a lo largo del tiempo, y ello se realiza mediante la comparación del valor de la variable en dos periodos temporales distintos.

Al período respecto del cual realizaremos las comparaciones se le llama período base ó de referencia. Al período que queremos comparar se le llama período actual ó corriente.

Definición 3.2 *Consideremos una variable X que posee una sola modalidad y de la que conocemos su valor en el período base, x_0, y su valor en el período t, x_t. Se define el índice simple como*

$$I_{0,t} = \frac{x_t}{x_0}$$

y mide la variación, en tantos por uno, que ha sufrido la variable considerada entre los períodos base y actual. Suelen presentarse multiplicados por cien y expresados en porcentajes.

Definición 3.3 *Si medimos la variación relativa porcentual de cada valor de la variable X con respecto al período anterior, obtenemos los índices simples llamados índices en cadena*

$$I_t^c = \frac{x_t}{x_{t-1}}$$

Definición 3.4 *Las Tasas de variación miden el porcentaje de variación de los valores de la variable en un período respecto a otro.*

$$\text{Tasa de variación: } T_t = \frac{x_t - x_{t-1}}{x_{t-1}} \times 100 = (I_t^c - 1) \times 100$$

$$\text{Tasa interanual de datos mensuales: } T_{t,12} = \frac{x_t - x_{t-12}}{x_{t-12}} \times 100$$

$$\text{Tasa interanual de datos trimestrales: } T_{t,4} = \frac{x_t - x_{t-4}}{x_{t-4}} \times 100$$

Ejemplo 3.1.1 🖉

En la tabla siguiente se recoge información sobre violencia doméstica proporcionada por el INE. En particular, información relativa al número de víctimas con orden de protección o medidas cautelares:

Año	x_t	$I_{11,t}$	I_t^c	T_t
2011	7 744	100		
2012	7 298	94.24	94.24	-5.76
2013	7 060	91.17	96.74	-3.26
2014	7 084	91.48	100.34	0.33

(Fuente: Explotación estadística del Registro central para la protección de las víctimas de la violencia doméstica y de género)

$$I_{11,14} = \frac{x_{2014}}{x_{2011}} = 0.9148 \Rightarrow 91.48\,\%$$

$$I_{14}^c = \frac{x_{2014}}{x_{2013}} = 1.0034 \Rightarrow 100.34\,\%$$

$$T_{14} = (I_{14}^c - 1) \cdot 100 = 0.34\,\%$$

El número de víctimas con orden de protección o medidas cautelares en el año 2014 supuso un $100.34\,\%$ del mismo número correspondiente al año 2013. Ello significa que hubo un incremento del número de víctimas en el año 2014 respecto al año 2013, de un $0.34\,\%$.

De forma general, la comparación mediante el cociente de las frecuencias de dos valores de una variable se conoce con el nombre de *ratio* o *razón*. Para aumentar su claridad interpretativa, el resultado de la división suele multiplicarse, en general, por cien. Ello permite comparar las magnitudes, no sólo de forma longitudinal, como hemos hecho en el ejemplo anterior, sino también de forma transversal, como se aprecia en el siguiente ejemplo:

MANUALES
MATEMÁTICAS
Y FÍSICA

Ejemplo 3.1.2

En la tabla siguiente se recoge información sobre violencia doméstica proporcionada por el INE. En particular, información sobre el número de víctimas con orden de protección o medidas cautelares desglosadas por sexo. Calculamos la razón dividiendo el número de mujeres entre el de hombres.

Año	nº de mujeres	nº de hombres	Razón (%)
2011	4 881	2 863	170.48
2012	4 510	2 788	161.76
2013	4 425	2 635	167.93
2014	4 381	2 703	162.08

(Fuente: Explotación estadística del Registro central para la protección de las víctimas de la violencia doméstica y de género)

En el año 2014, hubo 162.08 mujeres víctimas con orden de protección o medidas cautelares por cada 100 hombres.

3.2. Tasas de incidencia y de prevalencia

En Ciencias Sociales y en Criminología, se conoce como *tasa de incidencia* al cociente entre dos variables expresadas en distintas unidades de medida. Si las dos variables vienen expresadas en las mismas unidades de medida, se llamará *tasa de prevalencia*. Dentro del mundo criminológico, las más usadas son:

(a) Tasa de criminalidad. Se define de la forma siguiente para una determinada ciudad, región o país:

$$T_C = \frac{\text{nº de delitos y faltas conocidas}}{\text{nº total de habitantes}} \times 1\,000$$

Supone el indicador más general con el que el Ministerio del Interior da a conocer la situación y evolución de la criminalidad en la ciudad, región o país considerados. En España esta tasa se situó en 43.2 delitos por cada $1\,000$ habitantes en el año 2016.

(b) Tasa de detenidos. Se calcula de la forma siguiente:

$$T_D = \frac{\text{n}^{\underline{\text{o}}} \text{ de personas detenidas}}{\text{n}^{\underline{\text{o}}} \text{ de infracciones penales conocidas}} \times 1\,000$$

y la proporciona el Ministerio del Interior. La última cifra ofrecida por el ministerio sobre la tasa de imputados y detenidos fue para el año 2016, siendo esta de 183 imputados y detenidos por cada 1 000 infracciones conocidas.

(c) Tasa de delitos declarados.

$$T_{DD} = \frac{\text{n}^{\underline{\text{o}}} \text{ de delitos declarados por las víctimas}}{\text{n}^{\underline{\text{o}}} \text{ total de personas encuestadas}} \times 100$$

Esta tasa la proporciona el Ministerio del Interior y para su cálculo se usan los datos recogidos en la Encuesta de Victimización. Esta tasa fue en España del 34.5 % en 2008 (Fuente: Observatorio de la delincuencia en Andalucía 2009).

Para ampliar

Si te interesa profundizar en el conocimiento de las Encuestas de Victimización, puedes consultar el artículo *Las encuestas de victimización en Europa: evolución histórica y situación actual (2010)* de Marcelo F. Aebi y Antonia Linde. UNED, Revista de Derecho Penal y Criminología, 3ª época, nº 3, pp. 211-298. En él se presenta una reseña de dichas encuestas hasta el año 2009, se describen sus principales características y finaliza con unas interesantes reflexiones sobre los principales desafíos a que se enfrentan actualmente.

(d) Tasa de delitos esclarecidos, definida de la forma siguiente:

$$T_{DE} = \frac{\text{n}^{\underline{\text{o}}} \text{ total de delitos esclarecidos}}{\text{n}^{\underline{\text{o}}} \text{ total de delitos}} \times 100$$

La proporciona el Ministerio del Interior y supone un indicador de actividad y eficacia. La última cifra ofrecida sobre esta tasa corresponde al año 2015, y fue del 35.1 %.

Curiosidad

Las Encuestas de Victimización son investigaciones empíricas cuyo objetivo es analizar la realidad delictiva. Las primeras se usaron en Dinamarca en 1730. A nivel estatal en España, las Encuestas de Victimización realizadas son:

1978	CIS	Personal
1989	Justicia / CIS	Telefónica / Personal
1989	INICRI y otros (ICVS)	Telefónica
1992	U. Complutense	Personal
1995	CIS	Personal
1996	CIS	Personal (+ 50 000 habitantes)
1997	OFIC USUA / Consumidor	Personal
1998	Guardia Civil	Personal (Rural)
1999	CIS	Personal
2005	Gallup Europe y otros (ICVS)	Telefónica
2008	ODA (ICVS)	Telefónica (+ 50 000 habitantes)

(Fuente: Encuesta a víctimas en España. Observatorio de la delincuencia en Andalucía, 2009)

(e) Tasa de victimización. Se obtiene de la Encuesta de Victimización:

$$T_V = \frac{\text{n}^{\underline{o}} \text{ de personas encuestadas víctimas de algún delito}}{\text{n}^{\underline{o}} \text{ total de personas encuestadas}} \times 100$$

La Encuesta de Victimización realizada en 2008 arrojó una tasa de victimización en España del 17.4 % (Fuente: Observatorio de la delincuencia en Andalucía 2009).

(f) Tasa de denuncia. Se obtiene también a partir de la Encuesta de Victimización, y es el resultado de dividir el número de personas que declaran haber sido víctimas de un delito y lo han denunciado entre el número total de personas que sufrieron delito. Suele presentarse multiplicada por cien. Esta tasa se situó en España en el 47.9 %. Hay que notar que el intervalo de tiempo empleado en su cálculo fue el de los últimos 5 años anteriores al pase de la encuesta, entre 2004 y 2008. (Fuente: Observatorio de la delincuencia en Andalucía 2009).

3.3. Introducción a las series temporales

Llamamos serie temporal a una sucesión de observaciones cuantitativas de un fenómeno, ordenadas en el tiempo. En ella es esencial la ordenación que el tiempo induce en los datos, y que no debe variarse.

Una serie temporal puede considerarse como una distribución de frecuencias bidimensional, (t, Y_t), en la que una de las componentes, la dependiente, es la magnitud que queremos analizar, mientras que la independiente es el tiempo.

El análisis de una serie temporal debe iniciarse con una representación gráfica en un sistema de ejes cartesianos. Representaremos en el de abscisas el tiempo, t, y en el de ordenadas la magnitud observada, Y_t. La unión mediante segmentos de sus puntos nos proporciona un diagrama de sierra del cual extraeremos las conclusiones iniciales sobre el comportamiento de nuestra serie.

Supondremos que las series temporales están formadas por cuatro componentes teóricas:

(a) Tendencia, T_t: evolución de la serie a largo plazo.

(b) Estacional, E_t: fluctuaciones de la serie que se producen en un periodo igual o inferior a un año, y que se reproducen de manera reconocible en los diferentes años. Se deben a efectos de la climatología sobre la actividad económica o a algunos hábitos sociales.

(c) Cíclica, C_t: oscilaciones que se producen con un periodo superior al año, debidas a la alternancia de etapas de prosperidad y depresión.

(d) Residual, r_t: movimientos originados por fenómenos imprevisibles, como huelgas, catástrofes, etc., que afectan a la variable de manera casual y no permanente.

Ejemplo 3.3.1

En la siguiente tabla se recoge información relativa a las cifras mensuales de accidentes con víctimas en España:

Meses	2009	2010	2011	2012	2013	2014	2015
Enero	222	197	159	147	131	113	119
Febrero	208	148	142	141	137	99	113
Marzo	233	174	142	154	124	132	113
Abril	201	172	156	144	124	141	116
Mayo	237	211	185	157	105	123	157
Junio	244	202	148	174	138	153	129
Julio	259	251	222	161	163	153	174
Agosto	274	258	216	190	171	156	164
Septiembre	205	221	186	202	159	162	178
Octubre	223	242	169	147	154	143	130
Noviembre	193	206	173	135	130	158	150
Diciembre	215	196	162	151	144	155	146

(Fuente: Dirección General de Tráfico, Ministerio del Interior)

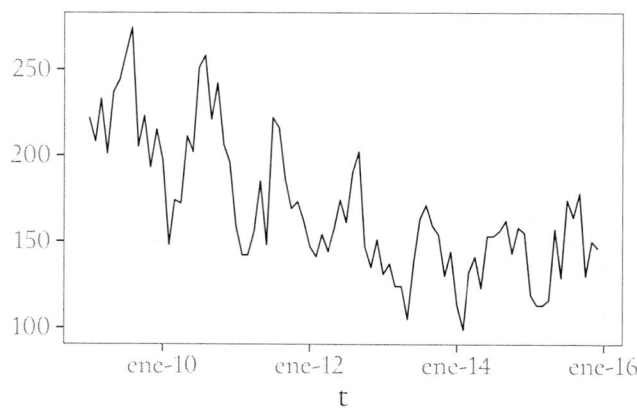

Accidentes con víctimas

¿Cómo se combinan las cuatro componentes teóricas para formar la serie que observamos? En el estudio clásico de las series temporales se consideran los modelos siguientes:

(a) Modelo aditivo: $Y_t = T_t + E_t + C_t + r_t$

(b) Modelo multiplicativo puro: $Y_t = T_t \cdot E_t \cdot C_t \cdot r_t$

(c) Modelo multiplicativo-aditivo: $Y_t = T_t \cdot E_t \cdot C_t + r_t$

Estos modelos matemáticos requieren para su desarrollo el análisis de los diferentes factores que inciden en una serie temporal. En la práctica, en España y en el campo de la Criminología, se emplean técnicas más sencillas que, aún suponiendo una cierta pérdida de información, facilitan el estudio a realizar. Es por ello que nos centraremos solamente en el análisis de la tendencia, como componente más significativa en el ámbito criminológico.

3.4.   Análisis de la tendencia de una serie temporal

Para realizar un estudio de la tendencia en una serie temporal, existen diferentes métodos. Vamos a desarrollar los dos más usados.

3.4.1   Método de las medias móviles o método mecánico

Este método consiste en el suavizado de la serie dada, promediando sus observaciones con valores contiguos, anteriores y posteriores, con lo que se consigue eliminar la componente residual. Para calcular medias móviles de orden o tamaño p se procede como sigue:

(a) La primera media móvil se obtiene calculando la media aritmética de las p primeras observaciones.

(b) Para calcular las siguientes, vamos excluyendo la primera observación del grupo anterior e incluyendo la posterior a la última tomada.

(c) El proceso se repite hasta que no se puedan formar más grupos que contengan p observaciones.

La tendencia será la línea quebrada que une las sucesivas medias móviles.

Ejemplo 3.4.1

Usando medias móviles de orden 3,

t_i	y_{t_i}	Tendencia
t_1	y_{t_1}	
t_2	y_{t_2}	$\dfrac{y_{t_1} + y_{t_2} + y_{t_3}}{3} = \overline{y}_{t_2}$
t_3	y_{t_3}	$\dfrac{y_{t_2} + y_{t_3} + y_{t_4}}{3} = \overline{y}_{t_3}$
t_4	y_{t_4}	$\dfrac{y_{t_3} + y_{t_4} + y_{t_5}}{3} = \overline{y}_{t_4}$
t_5	y_{t_5}	$\dfrac{y_{t_4} + y_{t_5} + y_{t_6}}{3} = \overline{y}_{t_5}$
t_6	y_{t_6}	

La tendencia es la línea quebrada que une los puntos $(t_2, \overline{y}_{t_2})$, $(t_3, \overline{y}_{t_3})$, $(t_4, \overline{y}_{t_4})$ y $(t_5, \overline{y}_{t_5})$.

Debemos tener en cuenta que:

(a) Existen observaciones para las que no se dispone de medias móviles.

(b) La elección del orden de las medias móviles no es fácil, y está ligado a las periodicidades de las fluctuaciones que se desean suavizar. Si los datos se refieren a períodos inferiores al año, se aconseja tomar como valor de p el número de dichos períodos. Cuando los datos de la serie son anuales, y por tanto no existe componente estacional, debemos tomar como orden el número de años que comprenda un ciclo.

(c) A mayor orden de las medias móviles, mayor suavizado, pero menor número de observaciones para cálculos posteriores.

(d) Cuando se calculen medias móviles de orden par, las observaciones no quedarán centradas en el tiempo. Por ello deberemos repetir el proceso a los promedios obtenidos inicialmente, utilizando el orden 2.

Por ejemplo, usando medias móviles de orden 4,

t_i	y_{t_i}	$\overline{y}_{t_i}$	Tendencia
t_1	y_{t_1}		
t_2	y_{t_2}		
		$\overline{y}_{t_3}$	
t_3	y_{t_3}		$\overline{\overline{y}}_{t_3} = \dfrac{\overline{y}_{t_3} + \overline{y}_{t_4}}{2}$
		$\overline{y}_{t_4}$	
t_4	y_{t_4}		$\overline{\overline{y}}_{t_4} = \dfrac{\overline{y}_{t_4} + \overline{y}_{t_5}}{2}$
		$\overline{y}_{t_5}$	
t_5	y_{t_5}		
t_6	y_{t_6}		

La tendencia es la línea que une los puntos $(t_3, \overline{\overline{y}}_{t_3})$ y $(t_4, \overline{\overline{y}}_{t_4})$.

Ejemplo 3.4.2

En la siguiente tabla se muestran los datos trimestrales sobre las sustracciones de vehículos a motor en España durante el período 2012 - 2016:

	2012	2013	2014	2015	2016
Trimestre 1	13 627	12 938	11 023	10 387	10 177
Trimestre 2	13 342	11 954	10 992	10 790	10 773
Trimestre 3	14 187	12 221	10 461	8 871	11 272
Trimestre 4	14 041	11 742	10 730	9 116	11 302

(Fuente: Ministerio del Interior)

Para calcular las medias móviles de orden 4, calcularíamos, en primer lugar, la medias móviles de orden 4 no centradas:

$$\overline{y}_{t_3} = \frac{13\,627 + 13\,342 + 14\,187 + 14\,041}{4} = 13\,799.25$$

$$\overline{y}_{t_4} = \frac{13\,342 + 14\,187 + 14\,041 + 12\,938}{4} = 13\,627 \text{ y así sucesiva-}$$

mente hasta la última que sería:

$$\overline{y}_{t_{19}} = \frac{10\,177 + 10\,773 + 11\,272 + 11\,302}{4} = 10\,881.$$

A continuación procederíamos a centrarlas:

$$\overline{\overline{y}}_{t_3} = \frac{13\,799.25 + 13\,627}{2} = 13\,713.125.$$

Repitiendo este proceso, obtendríamos todas las medias móviles de orden 4 centradas, que se recogen en la tabla siguiente:

	2012	2013	2014	2015	2016
Trim. 1		13 034.25	11 274.5	10 393.325	10 034.375
Trim. 2		12 501.125	10 928.0	9 992.75	10 607.75
Trim. 3	13 713.125	11 974.375	10 722.0	9 764.75	
Trim. 4	13 453.5	11 614.75	10 617.25	9 736.375	

Sustracciones de vehículos

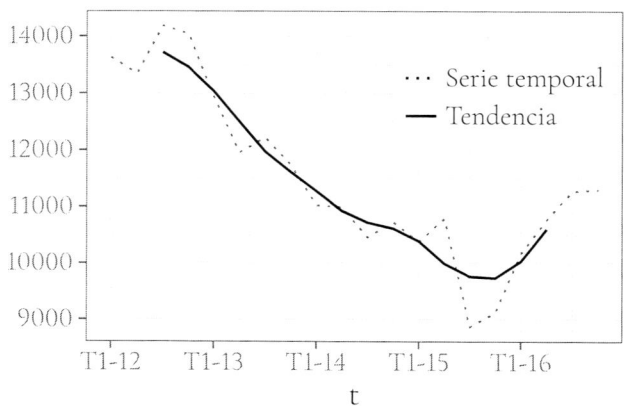

3.4.2 Método de ajuste analítico

Dada una serie temporal (t, Y_t), el método consiste en obtener la línea de regresión de Y_t sobre t. Al igual que hicimos en la sección 2.5 nos limitaremos a estudiar el caso lineal. La recta calculada será la línea de la tendencia.

Procederíamos de la manera siguiente: una vez observada la representación gráfica de la serie, y confirmada una cierta estructura de dependencia lineal, la ecuación de la tendencia será

$$T_t(t) = a + b \cdot t$$

OBSERVACIÓN 3.1

(a) *Si en la serie temporal, la variable objeto de estudio viene medida de forma anual, usaremos la serie original (t_i, y_{t_i}) para la oportuna regresión lineal.*

(b) *Si se conoce el valor de la variable para períodos inferiores al año (datos mensuales, trimestrales, etc.), representaremos con t_i el año i-ésimo y calcularemos las medias anuales de los valores de la variable Y_t correspondientes a dicho año, $\overline{y}_{t_i}$. Seguidamente ajustaremos la distribución $(t_i, \overline{y}_{t_i})$ a la recta adecuada.*

Entre las ventajas que presenta el método de ajuste analítico están las siguientes:

(a) Expresa la tendencia a través de una función matemática con lo cual podemos realizar predicciones de cara al futuro.

(b) Puede medirse la bondad del ajuste realizado mediante el coeficiente R^2 y así tener una medida de la fiabilidad de las predicciones.

Ejemplo 3.4.3

Vamos a calcular la tendencia lineal con los datos del ejemplo 3.4.2. Como tenemos los valores de la variable para períodos inferiores al año, debemos previamente calcular las medias anuales, $\overline{y}_{t_i}$, y realizar el ajuste de la distribución $(t_i, \overline{y}_{t_i})$ a la función elegida.

(a) Calculamos las medias anuales $\overline{y}_{t_i}$

$$\overline{y}_{2012} = \frac{55\,197}{4}; \ \overline{y}_{2013} = \frac{48\,855}{4}; \ \overline{y}_{2014} = \frac{43\,206}{4};$$

$$\overline{y}_{2015} = \frac{39\,164}{4}; \ \overline{y}_{2016} = \frac{43\,524}{4}$$

(b) La tendencia lineal sería el resultado de realizar la regresión con los datos de la distribución $(t_i, \overline{y}_{t_i})$ dada en la siguiente tabla:

t_i	2012	2013	2014	2015	2016
$\overline{y}_{t_i}$	13 799.25	12 213.75	10 801.50	9 791.00	10 881.00

Para calcular la ecuación de la tendencia usando **R commander** se procede como en el ejemplo 2.6.2, obteniéndose:

```
Call:
lm(formula = values ~ time, data = dataset)

Residuals:
     1       2       3       4       5
 650.1  -109.5  -695.8  -880.4  1035.6

Coefficients:
              Estimate Std. Error t value Pr(>|t|)
(Intercept) 1674910.3    611559.7   2.739   0.0714 .
time           -825.9       303.7  -2.720   0.0726 .
---
Signif. codes: 0 '***' 0.001 '**' 0.01 '*' 0.05 '.' 0.1

Residual standard error: 960.2 on 3 degrees of freedom
Multiple R-squared: 0.711, Adjusted R-squared: 0.615
F-statistic: 7.398 on 1 and 3 DF,  p-value: 0.07255
```

Por tanto el modelo de tendencia lineal es

$$T_t(t) = 1\,674\,910.3 - 825.9 \cdot t$$

Para medir la fiabilidad de las predicciones que hagamos, calcularemos el coeficiente de determinación

$$R^2 = 0.7115$$

Observamos que el coeficiente de determinación no alcanza el valor 0.75, por lo que seremos cautos en cuanto al grado de fiabilidad de las posibles predicciones que se hagan usando el modelo lineal. Si hubiéramos utilizado el modelo cuadrático, es decir, ajustar mediante el modelo

$$T_t(t) = a + b \cdot t + c \cdot t^2,$$

habríamos obtenido $R^2 = 0.958$. De manera intuitiva puede verse esta mejora en la siguiente figura

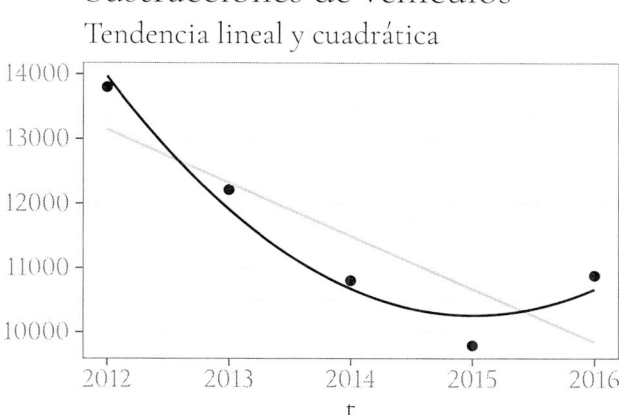

Sustracciones de vehículos
Tendencia lineal y cuadrática

En el siguiente ejemplo trabajaremos con datos que vienen dados de forma anual.

Ejemplo 3.4.4

Se proporciona la siguiente serie temporal de tasas de criminalidad en España desde el año 2005 al año 2016.

t_i	2005	2006	2007	2008	2009	2010
y_{t_i}	50.6	50.8	51.2	51.9	50.0	48.9

t_i	2011	2012	2013	2014	2015	2016
y_{t_i}	48.4	48.0	46.1	44.7	43.7	43.2

(Fuente: Ministerio del Interior)

Queremos calcular la tendencia lineal. Como los datos son anuales, no es necesario calcular las medias para cada año. Usaremos la serie original, (t_i, y_{t_i}), para dicho cálculo. Usando R commander y procediendo como en el ejemplo 2.6.2, observamos:

```
Coefficients:
              Estimate Std. Error t value Pr(>|t|)
(Intercept) 1638.95070  178.97065   9.158 3.54e-06 ***
time          -0.79126    0.08902  -8.889 4.63e-06 ***
---
Sig. codes:  0 '***' 0.001 '**' 0.01 '*' 0.05 '.' 0.1

Residual standard error: 1.064 on 10 degrees of freedom
Multiple R-squared:  0.8877,Adjusted R-squared:  0.8764
F-statistic: 79.01 on 1 and 10 DF,  p-value: 4.627e-06
```

$$T_t(t) = 1\,638.95070 - 0.79126 \cdot t \quad \text{y} \quad R^2 = 0.8877$$

Observando el coeficiente de determinación, las posibles predicciones tendrán un alto grado de fiabilidad al ser R^2 próximo a uno.

Capítulo 4

Probabilidad y Criminología

Contenidos

4.1.	Introducción	101
4.2.	Experimentos aleatorios. Definiciones	102
4.3.	Diversas concepciones de probabilidad	106
4.4.	Probabilidad condicionada	108
4.5.	Independencia de sucesos	111

4.1. Introducción

En los capítulos precedentes se ha hecho un estudio de una serie de conceptos y técnicas cuyo objetivo era la ordenación, descripción y presentación de la información contenida en un conjunto de datos. Todo ello se engloba en una parte de la Estadística conocida como Estadística Descriptiva. Sin embargo son muchas las situaciones en la vida real en las que, debido a la presencia del azar, debemos tomar decisiones que comportan un riesgo. En ese caso, la Estadística proporciona una herramienta que permite medir la incertidumbre, la probabilidad.

4.2. Experimentos aleatorios. Definiciones

Definición 4.1 *Llamaremos fenómenos aleatorios a aquellos en los que no se puede predecir el resultado final incluso aunque se realicen en las mismas condiciones.*

Ejemplo 4.2.1

Son experimentos aleatorios el lanzamiento de un dado equilibrado, el número de accidentes de tráfico ocurridos al mes en una carretera, el consumo diario de agua de una ciudad, etc...

Definición 4.2 *La Teoría de la Probabilidad estudia los métodos de análisis que son comunes en el tratamiento de los fenómenos aleatorios, cualquiera que sea el área en que éstos se presenten.*

La correspondencia de Fermat con Pascal, consistente en 7 cartas entre julio y octubre de 1654, se considera el comienzo del Cálculo de Probabilidades. Concretamente las misivas resolvieron el llamado Problema del Reparto:

> "Un jugador juega a que saca un seis de ocho tiradas, pero después de tres tiradas no lo ha conseguido y la partida no se continúa. ¿Qué proporción de la apuesta total debe recibir?"

Definición 4.3 *Se llama espacio muestral asociado a un experimento aleatorio al conjunto formado por todos los posibles resultados del experimento aleatorio. Suele representarse por Ω.*

Un conjunto de posibles resultados del experimento aleatorio se llama suceso. Los sucesos suelen representarse por letras mayúsculas: A, B, C,...

Ejemplo 4.2.2

Consideremos el experimento aleatorio consistente en lanzar un dado equilibrado de seis caras al aire y observar el número de puntos que figuran en la cara superior. Su correspondiente espacio muestral será

$$\Omega = \{1, 2, 3, 4, 5, 6\}$$

Algunos sucesos que podríamos definir:

$A=$ "sacar puntuación par" $= \{2,4,6\}$ y $B=$ "sacar puntuación 2" $= \{2\}$.

Existen distintos tipos de sucesos:

(a) Suceso imposible es aquel que no ocurre nunca. Se representa por $\emptyset$.

(b) Suceso seguro es aquel que ocurre siempre. Se representa por Ω.

(c) Suceso elemental es el formado por un sólo elemento muestral.

(d) Suceso compuesto es el formado por más de un elemento muestral.

Definición 4.4 *Se llama espacio de sucesos, $\mathcal{S}$, al conjunto formado por todos los sucesos asociados al experimento aleatorio en cuestión.*

Ejemplo 4.2.3

$\Omega = \{1,2,3,4,5,6\}$ es el espacio muestral en el lanzamiento de un dado de seis caras, entonces el espacio de sucesos será:

$$\mathcal{S} = \{\emptyset, \{1\}, \ldots, \{6\}, \{1,2\}, \ldots, \{5,6\},$$

$$\{1,2,3\}, \ldots, \{3,4,5,6\}, \ldots, \{2,3,4,5,6\}, \Omega\}$$

Un suceso elemental es $B=$ "sacar puntuación 2"$= \{2\}$.
Un suceso compuesto es $A=$ "sacar puntuación par" $= \{2,4,6\}$.

Hemos establecido una correspondencia entre sucesos y conjuntos. Vamos a recordar algunas operaciones y relaciones entre conjuntos, que ahora, serán de interés para trasladarlas a los sucesos.

Definición 4.5 *Dado el suceso A de un espacio muestral Ω, definimos suceso complementario de A, que se denota por $\overline{A}$, al suceso formado por todos los puntos muestrales que no pertenecen a A.*

$$\overline{A} = \{\omega \in \Omega \mid \omega \notin A\}$$

El suceso $\overline{A}$ ocurre si y sólo si no ocurre A.

Ejemplo 4.2.4

En el lanzamiento de un dado de seis caras, el espacio muestral puede representarse por el conjunto $\Omega = \{1, 2, 3, 4, 5, 6\}$. Entonces, si $A=$ "sacar puntuación par" $= \{2, 4, 6\}$, su complementario sería $\overline{A}=$ "sacar puntuación impar" $= \{1, 3, 5\}$.

Definición 4.6 *Dados los sucesos A y B de un espacio muestral Ω, la unión de ambos, que se denota por $A \cup B$, es el suceso formado por todos los puntos muestrales que pertenecen al menos a uno de los dos sucesos.*

$$A \cup B = \{\omega \in \Omega \mid \omega \in A \text{ o } \omega \in B\}$$

El suceso $A \cup B$ ocurre siempre que ocurra A o B, o ambos.

Ejemplo 4.2.5

En el lanzamiento de un dado de seis caras, sean los sucesos A y B siguientes:

$A=$ "sacar puntuación par" $= \{2, 4, 6\}$
$B=$ "sacar puntuación mayor que 4" $= \{5, 6\}$

Entonces

$A \cup B=$ "sacar puntuación par o puntuación mayor que 4"$= \{2, 4, 5, 6\}$.

Definición 4.7 *Dados los sucesos A y B de un espacio muestral Ω, la intersección de ambos, que denotamos por $A \cap B$, es el suceso formado por todos los puntos muestrales que pertenecen a ambos sucesos.*

$$A \cap B = \{\omega \in \Omega \,|\, \omega \in A \;y\; \omega \in B\}$$

El suceso $A \cap B$ ocurre siempre que ocurran A y B.

Ejemplo 4.2.6

En el lanzamiento de un dado de seis caras, sean los sucesos $A=$ "sacar puntuación par" $= \{2, 4, 6\}$ y $B=$ "sacar puntuación mayor que 4" $= \{5, 6\}$. Entonces

$$A \cap B = \text{"sacar puntuación par y mayor que 4"} = \{6\}.$$

Definición 4.8 *A y B son sucesos incompatibles o mutuamente excluyentes, si la ocurrencia simultánea de ambos es imposible, es decir: $A \cap B = \emptyset$.*

Ejemplo 4.2.7

En el lanzamiento de un dado de seis caras, son incompatibles los sucesos $A=$ "sacar puntuación menor que 3" $= \{1, 2\}$ y $B=$ "sacar puntuación mayor que 4" $= \{5, 6\}$.

OBSERVACIÓN 4.1 *Un suceso y su complementario son siempre sucesos incompatibles.*

Teorema 4.1 (Leyes de De Morgan) *Dados los sucesos A y B de un espacio muestral Ω, se verifica que:*

(a) $\overline{A \cup B} = \overline{A} \cap \overline{B}$

(b) $\overline{A \cap B} = \overline{A} \cup \overline{B}$

4.3. Diversas concepciones de probabilidad

Dado un suceso, A, perteneciente al espacio de sucesos $\mathcal{S}$ asociado al espacio muestral Ω, la probabilidad trata de asignar a A una medida teórica de la ocurrencia de A.

(a) DEFINICIÓN CLÁSICA o DE LAPLACE (1812)

   Deben establecerse dos hipótesis necesarias:

   (i) El espacio muestral ha de ser finito, y

   (ii) Todos los sucesos elementales han de ser igualmente verosímiles

   entonces se define la probabilidad del suceso A como

$$P(A) = \frac{\text{número de casos favorables a } A}{\text{número total de sucesos elementales posibles}}$$

Ejemplo 4.3.1

En el lanzamiento de un dado de seis caras no cargado, consideremos el espacio muestral $\Omega = \{1, 2, 3, 4, 5, 6\}$. Sea el suceso $A=$ "sacar puntuación menor que 3" $= \{1, 2\}$, entonces:

$$P(A) = \frac{2}{6} = 0.\widehat{3}$$

(b) DEFINICIÓN FRECUENTISTA o DE VON MISES (1919)

   Si repetimos un experimento N veces, llamamos frecuencia relativa del suceso A, que denotamos por f_A, al cociente entre el número de veces que éste se presenta y el total de pruebas. La frecuencia relativa no es más que una medida relativa y empírica de la ocurrencia de un suceso.

   Es un hecho comprobado empíricamente que, la frecuencia relativa de un suceso tiende a estabilizarse cuando el número de pruebas aumenta. La definición frecuencialista de probabilidad se basa en este hecho, y asigna como probabilidad al suceso A el número:

$$P(A) = \lim_{N \to \infty} f_A = \lim_{N \to \infty} \frac{n_A}{N} =$$

$$= \lim_{N \to \infty} \frac{\text{frecuencia absoluta de } A}{\text{número total de pruebas}}$$

Estas conclusiones llevan el nombre de *Primera Ley de los Grandes Números*: Cuando el número de realizaciones de un experimento aleatorio aumenta, la frecuencia relativa del suceso asociado se va acercando cada vez más hacia un cierto valor. Este valor se llama *probabilidad del suceso*.

(c) DEFINICIÓN AXIOMÁTICA o DE KOLMOGOROV (1933)

Dado el espacio de sucesos $\mathcal{S}$ asociado a un espacio muestral Ω, se define una medida de probabilidad, P, como una función:

$$P : \mathcal{S} \to [0, 1]$$

que verifique los siguientes axiomas:

Axioma 1: $P(A) \geq 0, \quad \forall A \in \mathcal{S}$

Axioma 2: $P(\Omega) = 1$

Axioma 3: $P\left(\bigcup_i A_i\right) = \sum_i P(A_i), \forall A_i \in \mathcal{S}, \ A_i \cap A_j = \emptyset, \ i \neq j$

OBSERVACIÓN 4.2 *De los axiomas anteriores se deducen las siguientes propiedades:*

(a) $P(\emptyset) = 0$

(b) $P\left(\bigcup_{i=1}^{k} A_i\right) = \sum_{i=1}^{k} P(A_i), \forall A_i \in \mathcal{S}, \ A_i \cap A_j = \emptyset, \ i \neq j$

(c) $P(\overline{A}) = 1 - P(A)$

(d) $P(A \cup B) = P(A) + P(B) - P(A \cap B)$

Definición 4.9 *Se denomina espacio probabilístico a la terna* $(\Omega, \mathcal{S}, P)$, *donde* $\mathcal{S}$ *es el espacio de sucesos asociado al espacio muestral* Ω, *y* P *es una medida de probabilidad.*

Caso 1

El ciudadano norteamericano Wayne Williams fue acusado de las muertes de dos hombres negros en Atlanta, Georgia. Una evidencia crucial contra Williams consistía en unas fibras encontradas sobre los cuerpos de los asesinados que eran semejantes a unas tomadas en el entorno del acusado. En concreto, ciertas fibras trilobuladas bastante inusuales de un tipo particular de moqueta (Wellman 181-b) teñida de un color especial (English Olive). Un experto de la acusación testificó que este tipo de fibra se había dejado de producir y que, siendo prudentes, sólo se habría vendido en un área de diez estados lo suficiente para enmoquetar unas 820 habitaciones. Asumiendo que las ventas hubiesen sido iguales en cada uno de los diez estados, que todas las moquetas de Georgia fueron comercializadas en Atlanta y que sólo se había enmoquetado una habitación por casa, el experto cifró, por la cantidad de moqueta vendida, que sólo 82 viviendas de Atlanta tenían moqueta conteniendo ese tipo de fibra. Teniendo en cuenta que, según el experto, en Atlanta había 638 viviendas ocupadas, la probabilidad de que una vivienda seleccionada al azar tuviese la moqueta considerada sería 82/638 995, o aproximadamente 1 entre 7 792.

El dormitorio de Wayne Williams tenía moqueta con esa fibra y el fiscal defendió que "habría sólo una posibilidad sobre 7 792 de que hubiera otra casa en Atlanta que tuviera el mismo tipo de moqueta que la de Williams." El acusado finalmente sería declarado culpable.

4.4. Probabilidad condicionada

En los ejemplos que hemos planteado hasta ahora, siempre hemos supuesto que cualquiera de los resultados puede ocurrir en el experimento. La incorporación de una información adicional, como por ejemplo, el conocimiento de la ocurrencia de otro suceso, puede hacer que determinados resultados no puedan ocurrir, con lo que el espacio muestral cambia y cambian las probabilidades.

Ejemplo 4.4.1 ✎

Supongamos el experimento consistente en la extracción de una bola de una bolsa que contiene seis bolas numeradas del uno al seis y observar el resultado obtenido.

El correspondiente espacio muestral es $\Omega = \{1, 2, 3, 4, 5, 6\}$, y la probabilidad inicial del suceso A= "sacar número primo" = $\{2, 3, 5\}$ es:

$$P(A) = \frac{3}{6} = \frac{1}{2}$$

OBSERVACIÓN 4.3 *Dado un número entero $n > 1$, diremos que n es un número primo, si 1 y n son los únicos divisores positivos de n. Por tanto los primeros números primos son 2, 3, 5, 7, 11, etc.*

Supongamos ahora que las bolas correspondientes a los números pares han sido introducidas en una bolsa de color rojo y las correspondientes a los impares en una de color amarillo. Seleccionamos al azar una de las dos bolsas resultando seleccionada la roja. Si a continuación extraemos una bola de dicha bolsa, ¿qué probabilidad hay de que la cifra obtenida sea número primo?

La información del color de la bolsa produce, en este caso, una reducción del espacio muestral a:

$$\Omega_{roja} = \Omega_{par} = \{2, 4, 6\}$$

con lo que,

$$P(A \text{ si se eligió bolsa roja}) = P(A \text{ sabiendo que salió puntuación par}) = \frac{1}{3}$$

Como vemos, en este caso, la información disponible ha hecho disminuir la probabilidad.

Otras veces una información adicional aumenta dicha probabilidad. Supongamos que el color de la bolsa seleccionada hubiese sido amarilla, entonces:

$$\Omega_{amarilla} = \Omega_{impar} = \{1, 3, 5\}$$

y, por tanto,

$$P(A \text{ elegida la bolsa amarilla}) = P(A \text{ sabiendo que salió número impar}) = \frac{2}{3}$$

Definición 4.10 *Cuando consideremos la probabilidad de ocurrencia de un suceso A perteneciente a un espacio de sucesos sabiendo que ha acontecido otro suceso B, diremos que estamos calculando la probabilidad de A condicionada a B. Lo denotamos por $P(A|B)$, donde A es el suceso condicionado y B es el suceso condicionante.*

Definición 4.11 *Sea $(\Omega, \mathcal{S}, P)$ un espacio probabilístico y B un suceso de $\mathcal{S}$ con probabilidad no nula, $P(B) > 0$. Sea A un suceso cualquiera de $\mathcal{S}$, llamaremos probabilidad del suceso A condicionada porque haya acontecido otro suceso B o, sencillamente, probabilidad de A condicionada por B, al cociente*

$$P(A|B) = \frac{P(A \cap B)}{P(B)}$$

En el ejemplo anterior podemos expresar la probabilidad de obtener número primo, habiendo obtenido cifra par como:

$$P(A|\text{puntuación par}) = \frac{1}{3} = \frac{\frac{1}{6}}{\frac{3}{6}} = \frac{P(A \cap \text{puntuación par})}{P(\text{puntuación par})}$$

y, la probabilidad de obtener número primo, habiendo obtenido cifra impar como:

$$P(A|\text{puntuación impar}) = \frac{2}{3} = \frac{\frac{2}{6}}{\frac{3}{6}} = \frac{P(A \cap \text{puntuación impar})}{P(\text{puntuación impar})}$$

Teorema 4.2 *Sean $A_1, A_2, \ldots, A_n \in \mathcal{S}$ tales que $P(A_1 \cap A_2 \cap \ldots \cap A_{n-1}) \neq 0$ entonces*

$$P(A_1 \cap A_2 \cap \ldots \cap A_n) =$$
$$= P(A_1) \cdot P(A_2|A_1) \cdot P(A_3|A_1 \cap A_2) \cdots P(A_n|A_1 \cap A_2 \cap \cdots \cap A_{n-1})$$

Ejemplo 4.4.2 ✎

Para ser jurado en España hace falta tener la nacionalidad española, ser mayor de edad, encontrase en pleno ejercicio de los derechos políticos, saber leer y escribir, no encontrarse bajo ninguna incapacidad física o psíquica que impida el desarrollo de su función como jurado, así como estar en el Padrón Municipal de alguno de los municipios de la provincia donde se haya cometido el delito que se juzga.

Supongamos que en cierta provincia española hay empadronados un total de 257 450 ciudadanos que pueden participar en el Jurado, de los cuales 55 150 tienen menos de 35 años. Si necesitásemos seleccionar al azar a tres ciudadanos para formar parte del Jurado, ¿cuál sería la probabilidad de que los tres tuviesen una edad inferior a 35 años? Sean los sucesos:

A_1= "el primer ciudadano seleccionado tiene menos de 35 años"
A_2= "el segundo ciudadano seleccionado tiene menos de 35 años"
A_3= "el tercer ciudadano seleccionado tiene menos de 35 años"

$$P(A_1 \cap A_2 \cap A_3) = P(A_1) \cdot P(A_2|A_1) \cdot P(A_3|A_1 \cap A_2)$$
$$= \frac{55\,150}{257\,450} \cdot \frac{55\,149}{257\,449} \cdot \frac{55\,148}{257\,448}$$

4.5. Independencia de sucesos

En esta sección vamos a formalizar el hecho de que la ocurrencia de un suceso no tendría por qué modificar la probabilidad de la ocurrencia de otro. Tendría sentido preguntarse si, por ejemplo, la probabilidad de que ocurra cierto tipo de delito está relacionado con el clima [Que69].

Definición 4.12 *Sea el espacio probabilístico* $(\Omega, \mathcal{S}, P)$ *y sean A y B sucesos de* $\mathcal{S}$ *verificándose que* $P(B) > 0$. *Diremos que los sucesos A y B son independientes si se verifica que*

$$P(A|B) = P(A)$$

O dicho de otra forma:

Definición 4.13 *Diremos que dos sucesos A y B son independientes si y sólo si se verifica que:*

$$P(A \cap B) = P(A) \cdot P(B)$$

Ejemplo 4.5.1

Consideremos el experimento consistente en lanzar un dado no cargado y sean los sucesos A y B siguientes:

A= "obtener cifra mayor que 2" $= \{3, 4, 5, 6\} \Rightarrow P(A) = \dfrac{4}{6} = \dfrac{2}{3}$

B= "obtener cifra par" $= \{2, 4, 6\} \Rightarrow P(B) = \dfrac{3}{6} = \dfrac{1}{2}$

$A \cap B = \{4, 6\} \Rightarrow P(A \cap B) = \dfrac{2}{6}$, entonces

$$P(A|B) = \frac{P(A \cap B)}{P(B)} = \frac{\frac{2}{6}}{\frac{3}{6}} = \frac{2}{3} = P(A)$$

$$P(B|A) = \frac{P(B \cap A)}{P(A)} = \frac{\frac{2}{6}}{\frac{4}{6}} = \frac{2}{4} = \frac{1}{2} = P(B)$$

Como observamos, la información suministrada por el suceso condicionante resulta indiferente en cuanto a la probabilidad de ocurrencia del suceso condicionado. Por tanto, los sucesos A y B son independientes.

Caso 2

En Miller v. State, 240 Ark. 340, 399 S.W.2d 268 (1966), un experto testificó que restos de suciedad encontrados en la ropa del acusado coincidían con otros encontrados donde tuvo lugar el robo investigado. Se daba coincidencia en el color, la textura y la densidad. Por otro lado defendió que la probabilidad de coincidir en el color era de 1/10, en la textura era de 1/100 y en la densidad era de 1/1000. Así es que, el experto concluyó que la probabilidad de coincidencia en los tres factores era

$$P(A_1 \cap A_2 \cap A_3) = P(A_1) \cdot P(A_2) \cdot P(A_3) = \frac{1}{10} \cdot \frac{1}{100} \cdot \frac{1}{1\,000} = \frac{1}{1\,000\,000}$$

El acusado fue condenado en base, entre otros motivos, a que la probabilidad de encontrar por azar en su ropa restos de suciedad similares a los encontrados en el lugar del robo era de 0.000001.

Tras un proceso de apelación la condena fue revocada. El testimonio del experto en cuanto a la probabilidad era inadmisible porque ni había realizado estudio alguno, ni se había basado en estudios anteriores para estimar las probabilidades usadas, ni tampoco justificó la posible independencia de los sucesos considerados.

Se proporcionan a continuación dos teoremas fundamentales para la utilización de la probabilidad condicionada.

Teorema 4.3 (de la Probabilidad Total) *Dado un espacio probabilístico* $(\Omega, \mathcal{S}, P)$, *si consideramos* $A_1, A_2, \ldots, A_n \in \mathcal{S}$ *una colección de sucesos mutuamente excluyentes, todos con probabilidades no nulas, y tales que* $\Omega = \displaystyle\bigcup_{i=1}^{n} A_i$,

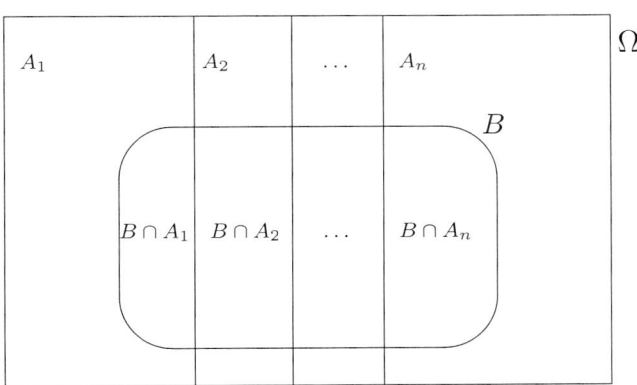

se verifica para todo $B \in \mathcal{S}$:

$$P(B) = \sum_{i=1}^{n} P(B|A_i) \cdot P(A_i)$$

Teorema 4.4 (de Bayes) *Sea* $(\Omega, \mathcal{S}, P)$ *un espacio probabilístico y* $A_1, A_2, \ldots, A_n \in \mathcal{S}$ *una colección de sucesos mutuamente excluyentes, todos con probabilidades no nulas, y tales que* $\Omega = \bigcup_{i=1}^{n} A_i$, *se verifica para todo* $B \in \mathcal{S}$:

$$P(A_j|B) = \frac{P(A_j \cap B)}{P(B)} = \frac{P(B|A_j) \cdot P(A_j)}{\displaystyle\sum_{i=1}^{n} P(B|A_i) \cdot P(A_i)}, \quad con \ j = 1, 2, \ldots, n.$$

A las probabilidades $P(A_j)$ se les llama probabilidades a priori, y son las probabilidades iniciales que tenemos de los sucesos A_j. Ante una determinada evidencia experimental, B, corregimos el grado de creencia de las A_j obteniendo unas nuevas probabilidades, $P(A_j|B)$, llamadas probabilidades a posteriori, a través de las verosimilitudes, $P(B|A_j)$.

Ejemplo 4.5.2

Cierto Centro Penitenciario tiene clasificados a sus reclusos en tres estratos según el índice de conflictividad que presentan. Los de máxima conflictividad suponen el 20 % del total; un 50 % se consideran como de media conflictividad, mientras que el 30 % restante es considerado como de baja conflictividad. Al investigar su historial se ha observado que el 60 % de los de máxima conflictividad no poseen ningún tipo de estudios; el 40 % de los de media conflictividad y el 15 % de los de baja conflictividad tampoco poseen ningún tipo de estudios.

Podemos definir los sucesos de interés de la forma siguiente:
$A_1 =$ "un recluso elegido al azar es de máxima conflictividad"
$A_2 =$ "un recluso elegido al azar es de media conflictividad"
$A_3 =$ "un recluso elegido al azar es de baja conflictividad"
$B =$ "un recluso elegido al azar no tiene ningún tipo de estudios"
Los datos del ejemplo son los siguientes:

$$P(A_1) = 0.20; \ P(A_2) = 0.50; \ P(A_3) = 0.30$$

$$P(B|A_1) = 0.60; \ P(B|A_2) = 0.40; \ P(B|A_3) = 0.15$$

(a) ¿Cuál es el porcentaje de reclusos que poseen algún tipo de estudios?

Calculemos $P(B)$ usando el Teorema de la Probabilidad Total:

$$P(B) =$$
$$P(B|A_1) \cdot P(A_1) + P(B|A_2) \cdot P(A_2) + P(B|A_3) \cdot P(A_3) =$$
$$= 0.60 \cdot 0.20 + 0.40 \cdot 0.50 + 0.15 \cdot 0.30 = 0.365$$

Por tanto

$$P(\overline{B}) = 1 - P(B) = 1 - 0.365 = 0.635,$$

lo que significa que el 63.5 % de los reclusos del Centro Penitenciario considerado tienen algún tipo de estudios.

(b) Si se selecciona un recluso con estudios, ¿cuál es la probabilidad de que sea de conflictividad media?

Ahora se nos pide $P(A_2|\overline{B})$. Lo calcularemos mediante el Teorema de Bayes:

$$P(A_2|\overline{B}) = \frac{P(\overline{B}|A_2) \cdot P(A_2)}{P(\overline{B})} = \frac{0.60 \cdot 0.50}{0.635} = \frac{60}{127}$$

Interesante

Pruebas de detección y tests de diagnóstico: Las pruebas de detección, así como los tests de diagnóstico, se usan para clasificar individuos en dos o más grupos atendiendo a cierta característica. Evidentemente, no hay ninguna prueba o test que sea infalible. En este tipo de casos, de un lado vamos a tener el estado real del individuo (A: "afectado de la característica" y $\overline{A}$: "no afectado de la característica"), y por otro lado, el resultado obtenido al realizar la prueba de detección o test de diagnóstico ($+$: "resultado positivo" y $-$: "resultado negativo").

La *sensibilidad* de una prueba o test es la proporción de individuos afectados que son dados como positivos correctamente por la prueba o el test, es decir, $P(+|A)$. La *especificidad* de una prueba o test es la proporción de individuos no afectados que son dados como negativos correctamente por la prueba o el test, es decir, $P(-|\overline{A})$. Por otro lado, el término *tasa de falsos negativos* hace referencia al complementario de la sensibilidad, $P(-|A)$, mientras que el término *tasa de falsos positivos* hace referencia al complementario de la especificidad, es decir, $P(+|\overline{A})$. Las pruebas de detección y los test de diagnóstico se caracterizan por su *sensibilidad* y su *especificidad*.

Ejemplo 4.5.3 ✏️

Las pruebas de detección son utilizadas en diferentes contextos. Por ejemplo, para ayudar a detectar potenciales secuestradores en los aeropuertos. En Estados Unidos en 1980 un programa ayudaba a identificar pasajeros que pudiesen intentar secuestrar aviones utilizando armas no metálicas.
Consideremos el suceso:

A= "Una persona elegida al azar lleva un arma no metálica"

y supongamos que, aproximadamente, uno de cada 25 000 viajeros lleva un arma de este tipo, es decir, $P(A) = 0.00004$ (probabilidad a priori).

Se diseñó una prueba de detección de la que se conoce que tiene una sensibilidad del 90 %,

$$P(+|A) = 0.90,$$

y una especificidad del 99.95 %,

$$P(-|\overline{A}) = 0.9995.$$

Por tanto, la prueba diagnóstica tiene una *tasa de falsos negativos*

$$P(-|A) = 0.10,$$

mientras que la *tasa de falsos positivos* es

$$P(+|\overline{A}) = 0.0005.$$

Supuesto que un pasajero da positivo al aplicarle la prueba, estamos interesados en conocer la probabilidad de que realmente lleve un arma no metálica. Aplicando el teorema de Bayes dicha probabilidad será:

$$P(A|+) = \frac{P(+|A) \cdot P(A)}{P(+|A) \cdot P(A) + P(+|\overline{A}) \cdot P(\overline{A})} =$$

$$= \frac{0.90 \cdot 0.00004}{0.90 \cdot 0.00004 + 0.0005 \cdot 0.99996} = 0.067$$

Es decir, un 6.7 % de individuos que dieron positivo en la prueba, lleva un arma no metálica en el aeropuerto. A la vista del resultado se podría argumentar que esta proporción es demasiado baja para justificar un posible arresto del sospechoso.

En US v. López, 328 F. Supp. 1077 (E.D.N.Y. 1971), una prueba de este tipo fue considerada válida a pesar de la "inquietante probabilidad" obtenida.

Capítulo 5

Modelos probabilísticos en Criminología

Contenidos

5.1.	Introducción	119
5.2.	Variables aleatorias	120
5.3.	Características de las variables aleatorias	129
5.4.	Modelos probabilísticos	131

5.1. Introducción

En la primera parte de este curso hemos analizado la realidad de forma descriptiva. Las variables estadísticas resultaron adecuadas para explicar distintas situaciones mediante la observación de sus valores y de sus correspondientes frecuencias. La relativa, por ejemplo, nos cuantifica porcentualmente los resultados obtenidos tras la observación de una muestra. Sin embargo, en ocasiones, nuestro objetivo será el análisis de magnitudes en las que interviene el azar. Será en estos casos en los que aparezca el concepto de variable aleatoria, entendido como una función numérica de los resultados en que se concreten los fenómenos aleatorios. En ellas usaremos la probabilidad para medir la incertidumbre inducida por el azar, lo que nos permitirá intuir razonablemente lo

que ocurriría al repetir el experimento un número elevado de veces.

Dedicaremos la segunda parte del tema al estudio de tres modelos probabilísticos de especial interés: el Binomial, el de Poisson y el Normal. Con ellos pretendemos representar, de forma genérica, el comportamiento de ciertas situaciones reales sujetas a incertidumbre. Una adecuada formulación matemática nos permitirá aplicar estos modelos para resolver problemas que presenten una estructura común.

5.2. Variables aleatorias

Ejemplo 5.2.1

Cierto establecimiento penitenciario contabiliza el número de accidentes laborales diarios. Los datos del último mes fueron:

Número de accidentes	0	1	2	3	4
Número de días	10	12	5	2	1

Considerando la variable estadística

$$X = \text{``Número de accidentes diarios''}$$

puede considerarse la distribución de frecuencias:

x_i	0	1	2	3	4
n_i	10	12	5	2	1
f_i	1/3	2/5	1/6	1/15	1/30

Para dicha distribución podemos calcular una serie de coeficientes como por ejemplo $\overline{x}$, M_e, s^2, etc... Estas medidas empíricas tienen su fundamento en las frecuencias observadas de los valores de la variable.

Después de observar el comportamiento de dicha variable durante un número elevado de meses, las regularidades observadas en las frecuencias relativas permiten la definición de una distribución de probabilidad que trate de explicar el comportamiento futuro del fenómeno.

x_i	0	1	2	3	4
$p_X(x_i)$	1/3	2/5	1/6	1/15	1/30

De forma análoga al caso de la variable estadística podemos resumir los aspectos más relevantes de esta distribución mediante una serie de medidas teóricas como por ejemplo la esperanza, la mediana, la varianza, etc... Así podemos relacionar conceptos como los que se muestran en la siguiente tabla:

Medidas Empíricas	Medidas Teóricas
Frecuencia relativa	Probabilidad
Frecuencia relativa acumulada	Función de distribución
Variable estadística	Variable aleatoria
Media aritmética $(\overline{x})$	Esperanza matemática (μ)
Varianza (s^2)	Varianza (σ^2)

Ejemplo 5.2.2 ✎

Realicemos el experimento consistente en lanzar una moneda no cargada dos veces. Su espacio muestral es $\Omega = \{(c, c), (c, +), (+, c), (+, +)\}$, donde todos los puntos muestrales son equiprobables.

Nos fijaremos en una determinada característica numérica del experimento, como por ejemplo,

$X =$ "número de caras obtenidas en los dos lanzamientos".

Podemos considerar X como una aplicación que asocia a cada resulta-

do del espacio muestral un valor numérico

$$
\begin{aligned}
X : \Omega &\longrightarrow \mathbb{R} \\
(+, +) &\longrightarrow 0 \\
(c, +) &\longrightarrow 1 \\
(+, c) &\longrightarrow 1 \\
(c, c) &\longrightarrow 2
\end{aligned}
$$

Además, cada uno de estos valores se toma con una cierta probabilidad inducida por la aleatoridad del fenómeno al que está asociado. Así, podemos escribir, por ejemplo:

$$
P[X = 0] = P[(+, +)] = \frac{1}{4}
$$

$$
P[X = 1] = P[(c, +) \cup (+, c)] = \frac{1}{4} + \frac{1}{4} = \frac{1}{2}
$$

$$
P[X = 2] = P[(c, c)] = \frac{1}{4}
$$

Ejemplo 5.2.3

Retomamos el ejemplo 4.4.2 en el que se proporcionaron las condiciones para ser jurado en España. Volvemos a considerar aquella provincia española donde se había cometido un delito y en la que había empadronados un total de 257 450 ciudadanos con posibilidad de participar en el Jurado, de los cuales 55 150 tenían menos de 35 años. Necesitamos seleccionar al azar a dos personas para formar parte del Jurado y estamos interesados en contar cuántas de las personas seleccionadas tienen menos de 35 años. Entonces, si A= "la persona tiene menos de 35 años", el espacio muestral será:

$$
\Omega = \{(A, A), (A, \overline{A}), (\overline{A}, A), (\overline{A}, \overline{A})\}
$$

Entonces, nos fijamos en la característica numérica del experimento:

$X=$ "número de personas seleccionadas que tienen menos de 35 años".

Podemos considerar X como una aplicación que asocia a cada resultado del espacio muestral un valor numérico

$$
\begin{array}{rcl}
X : \Omega & \longrightarrow & \mathbb{R} \\
(\overline{A}, \overline{A}) & \longrightarrow & 0 \\
(\overline{A}, A) & \longrightarrow & 1 \\
(A, \overline{A}) & \longrightarrow & 1 \\
(A, A) & \longrightarrow & 2
\end{array}
$$

Cada uno de estos valores se toma con una cierta probabilidad inducida por la aleatoridad del fenómeno al que está asociado. Así, en este caso particular, podemos escribir:

$$
P[X = 0] = P[(\overline{A}, \overline{A})] = \frac{202\,300}{257\,450} \cdot \frac{202\,299}{257\,449} = 0.6174
$$

$$
P[X = 1] = P[(\overline{A}, A) \cup (A, \overline{A})] = 2 \cdot \frac{202\,300}{257\,450} \cdot \frac{55\,150}{257\,449} = 0.3367
$$

$$
P[X = 2] = P[(A, A)] = \frac{55\,150}{257\,450} \cdot \frac{55\,149}{257\,449} = 0.0459
$$

La noción de variable aleatoria es la de una función que asigna un valor numérico a cada suceso elemental. De este modo trasladamos la probabilidad definida sobre sucesos a subconjuntos de la recta real.

Definición 5.1 *Sea $(\Omega, \mathcal{S}, P)$ un espacio probabilístico, se denomina variable aleatoria (v.a.) a una aplicación:*

$$
\begin{array}{rcl}
X : & \Omega & \longrightarrow \mathbb{R} \\
& w \in \Omega & \longrightarrow X(w) \in \mathbb{R}
\end{array}
$$

Definición 5.2 *Se denomina función de distribución de una variable aleatoria X a la función F_X definida como sigue:*

$$
F_X : \mathbb{R} \longrightarrow [0, 1]
$$

$$F_X(x) = P\left[X \le x\right], \ \forall x \in \mathbb{R}.$$

La función de distribución de la variable aleatoria X describe la acumulación de probabilidad por la variable a lo largo de la recta real. Tiene su antecedente en la frecuencia relativa acumulada.

5.2.1 Variables aleatorias discretas

Definición 5.3 *Una variable aleatoria X es discreta si el conjunto de valores que puede tomar X con probabilidad no nula es discreto (finito o infinito numerable)*

Si la variable es discreta y toma pocos valores distintos, podemos dar esos valores con sus probabilidades de forma explícita, pero si presenta muchos valores diferentes, debemos apoyarnos en funciones que nos resuman sus características esenciales.

Definición 5.4 *Se conoce como función de masa de probabilidad ó función de probabilidad de una variable aleatoria discreta X que toma los valores $x_1 \le x_2 \le \ldots \le x_n \le \ldots$ con probabilidades no nulas a la función*

$$p_X : \mathbb{R} \to [0, 1]$$

definida por:

$$p_X(x) = \begin{cases} P[X = x_k], & si \quad x = x_k, \ \ k = 1, 2, \ldots, n, \ldots \\ 0, & en \ otro \ caso. \end{cases}$$

Sea X una variable aleatoria discreta que toma los valores $x_1 \le x_2 \le \ldots \le x_n \le \ldots$ entonces se verifican las siguientes propiedades:

(a) $0 \le p_X(x_k) \le 1$ para todo k.

(b) $\displaystyle\sum_k p_X(x_k) = 1.$

(c) $F_X(x) = P[X \le x] = \displaystyle\sum_{x_k \le x} p_X(x_k).$

(d) $p_X(x_k) = F_X(x_k) - F_X(x_{k-1}).$

Ejemplo 5.2.4

Consideremos el ejemplo 5.2.2, y sea $X=$ "número de caras en los dos lanzamientos de la moneda". Calculemos primero F_X en los posibles valores de $X = \{0, 1, 2\}$:

$$F_X(0) = P[X \leq 0] = P[X = 0] = 1/4 = 0.25$$
$$F_X(1) = P[X \leq 1] = P[X = 0] + P[X = 1] = 3/4 = 0.75$$
$$F_X(2) = P[X \leq 2] = P[X = 0] + P[X = 1] + P[X = 2] = 1$$

Pero F_X está definida en todo el conjunto de los números reales, por tanto:

$$F_X(x) = \begin{cases} 0, & \text{si} \quad x < 0 \\ 0.25, & \text{si} \quad 0 \leq x < 1 \\ 0.75, & \text{si} \quad 1 \leq x < 2 \\ 1, & \text{si} \quad x \geq 2 \end{cases}$$

La representación gráfica de F_X es la siguiente:

Función de distribución

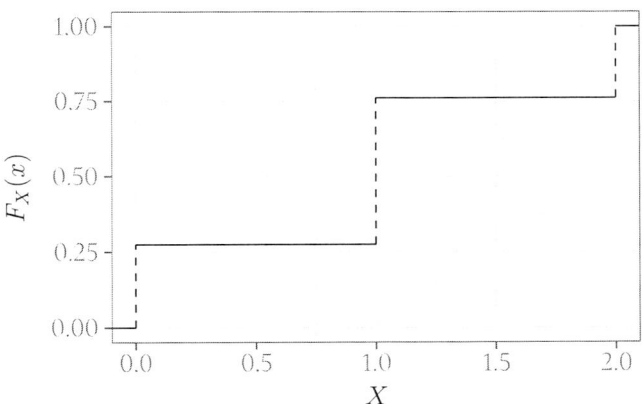

Observemos que los saltos de la función de distribución se producen justamente en los valores que toma la variable y son de amplitud igual a las probabilidades con que los toma. Es decir,

$$P[X = 0] = 0.25$$
$$P[X = 1] = 0.50$$
$$P[X = 2] = 0.25$$

Ejemplo 5.2.5

Consideremos el ejemplo 5.2.3, y sea X = "número de personas entre las dos seleccionadas que tienen menos de 35 años". Repitiendo los mismos pasos que en el ejemplo anterior, la correspondiente función de distribución, F_X, es:

$$F_X(x) = \begin{cases} 0, & \text{si} \quad x < 0 \\ 0.6174, & \text{si} \quad 0 \le x < 1 \\ 0.9541, & \text{si} \quad 1 \le x < 2 \\ 1, & \text{si} \quad x \ge 2 \end{cases}$$

La representación gráfica de F_X es la siguiente:

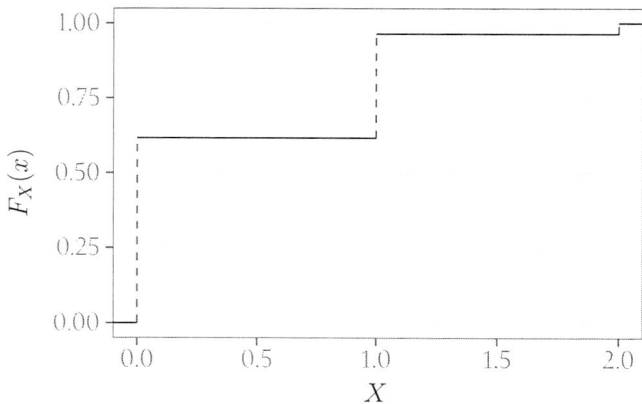

Función de distribución

De nuevo podemos observar que los saltos de la función de distribución se producen justamente en los valores que toma la variable y que sus amplitudes son iguales a las probabilidades con que toma cada valor. O sea,

$$P[X = 0] = 0.6174$$
$$P[X = 1] = 0.3367$$
$$P[X = 2] = 0.0459$$

5.2.2 Variables aleatorias continuas

Definición 5.5 *Una variable aleatoria X con función de distribución F_X se dice que es continua, si existe una función $f_X(x) \geq 0$ verificando que*

$$F_X(x) = P[X \leq x] = \int_{-\infty}^{x} f_X(t)\, dt, \ \forall x \in \mathbb{R}.$$

A $f_X(x)$ se le denomina función de densidad de la variable aleatoria continua X.

Asociadas a la función de densidad tenemos las siguientes propiedades:

(a) $\displaystyle\int_{-\infty}^{+\infty} f_X(t)\, dt = 1$, (es decir, $F_X(+\infty) = 1$)

(b) $f_X(x) = F'_X(x)$, es decir, la f.d.d. puede obtenerse a través de la f.d.D.

(c) $P[X = a] = 0, \ \forall a \in \mathbb{R}$. (Como F_X es continua, no tiene saltos)

(d) $P[X \leq b] = P[X < b] = \begin{cases} F_X(b) \\ \displaystyle\int_{-\infty}^{b} f_X(t)\, dt \end{cases}$

(e) $P[X > a] = P[X \geq a] = \begin{cases} 1 - F_X(a) \\ \displaystyle\int_{a}^{+\infty} f_X(t)\, dt \end{cases}$

(f) $P[a < X \leq b] = P[a \leq X < b] = P[a < X < b] =$

$$= P[a \leq X \leq b] = \begin{cases} F_X(b) - F_X(a) \\ \displaystyle\int_{a}^{b} f_X(t)\, dt \end{cases}$$

Ejemplo 5.2.6

Sea X= "cantidad diaria vendida, en kilogramos, de cierto producto en el economato de un centro penitenciario". Su función de densidad es:

$$f_X(x) = \begin{cases} kx^2, & \text{si} \quad 0 < x < 2 \\ 0, & \text{en otro caso} \end{cases}$$

- Calculemos el valor de k que hace que f_X sea función de densidad.

$$1 = \int_{-\infty}^{+\infty} f_X(t)dt = \int_{-\infty}^{0} f_X(t)dt + \int_{0}^{2} f_X(t)dt + \int_{2}^{+\infty} f_X(t)dt =$$

$$= \int_{0}^{2} kt^2 \, dt = k\frac{2^3}{3} \Rightarrow k = \frac{3}{8}$$

Para $k = \dfrac{3}{8}$ es fácil comprobar que $f_X(x) \geq 0$ en todo x .

- Ahora vamos a obtener la correspondiente función de distribución.

Primer Tramo: $(x < 0)$,

$$F_X(x) = \int_{-\infty}^{x} f_X(t) \, dt = \int_{-\infty}^{x} 0 \, dt = 0$$

Segundo Tramo: $(0 \leq x < 2)$,

$$F_X(x) = \int_{-\infty}^{x} f_X(t) \, dt = \int_{-\infty}^{0} 0 \, dt + \int_{0}^{x} \frac{3}{8}t^2 \, dt = \frac{x^3}{8}$$

Tercer Tramo: $(x \geq 2)$,

$$F_X(x) = \int_{-\infty}^{x} f_X(t) \, dt = \int_{-\infty}^{0} 0 \, dt + \int_{0}^{2} \frac{3}{8}t^2 \, dt + \int_{2}^{x} 0 \, dt = 1$$

Por tanto, la función de distribución es

$$F_X(x) = \begin{cases} 0, & \text{si} \quad x < 0 \\ \dfrac{x^3}{8}, & \text{si} \quad 0 \leq x < 2 \\ 1, & \text{si} \quad x \geq 2 \end{cases}$$

- Vamos a usar la función de distribución para calcular algunas probabilidades.

$$P[1 < X < 1.5] = F_X(1.5) - F_X(1) = \frac{(1.5)^3}{8} - \frac{1}{8} = \frac{2.375}{8} = 0.2969$$

$$P[X > 0.5] = 1 - F_X(0.5) = 1 - \frac{(0.5)^3}{8} = 1 - \frac{0.125}{8} = 0.9843$$

5.3. Características de las variables aleatorias

Definición 5.6 *Sea X una variable aleatoria discreta que toma los valores $x_1, x_2, \ldots, x_n, \ldots$ con probabilidades $p_X(x_i) > 0$. Llamaremos esperanza matemática, media, valor medio o valor esperado de X, $E[X]$, a:*

$$E[X] = \sum_{i=1}^{\infty} x_i \, p_X(x_i) = \sum_{i=1}^{\infty} x_i \, P[X = x_i]$$

Definición 5.7 *Sea X una variable aleatoria continua con función de densidad $f_X(x)$. Se llama esperanza matemática, media, valor medio o valor esperado de X, $E[X]$, a:*

$$E[X] = \int_{-\infty}^{+\infty} x \, f_X(x) \, dx.$$

Definición 5.8 *Sea X una variable aleatoria con media μ, continua con función de densidad $f_X(x)$ o discreta con función de probabilidad $p_X(x)$. La varianza de X es*

$$Var\,[X] = \begin{cases} \sum_{i=1}^{\infty} (x_i - \mu)^2\, p_X(x_i), & \text{si } X \text{ es discreta} \\[2em] \int_{-\infty}^{+\infty} (x - \mu)^2\, f_X(x)\, dx, & \text{si } X \text{ es continua} \end{cases}$$

La varianza también se puede obtener mediante la siguiente fórmula:

$$Var[X] = E[X^2] - E[X]^2$$

donde

$$E\left[X^2\right] = \begin{cases} \sum_{i=1}^{\infty} x_i^2\, p_X(x_i), & \text{si } X \text{ es discreta} \\[2em] \int_{-\infty}^{+\infty} x^2\, f_X(x)\, dx, & \text{si } X \text{ es continua} \end{cases}$$

Ejemplo 5.3.1

Vamos a considerar la variable aleatoria proporcionada en el ejemplo 5.2.3. Recordemos que los posibles valores de X, así como la función de probabilidad eran:

x_i	0	1	2
$p_X(x_i)$	0.6174	0.3367	0.0459

Calculemos la esperanza y la varianza de X:

$$\begin{aligned} E[X] &= 0 \cdot 0.6174 + 1 \cdot 0.3367 + 2 \cdot 0.0459 = 0.4285 \\ Var[X] &= (0 - 0.4285)^2 \cdot 0.6174 + (1 - 0.4285)^2 \cdot 0.3367 \\ &+ (2 - 0.4285)^2 \cdot 0.0459 = 0.3367 \end{aligned}$$

Ejemplo 5.3.2

Consideremos la variable proporcionada en el ejemplo 5.2.6 y definida como $X=$ "cantidad diaria vendida, en kilogramos, de cierto producto en el economato de un centro penitenciario". Queremos calcular su esperanza y su varianza.

$$E[X] = \int_{-\infty}^{+\infty} x f_X(x)\, dx = \int_{-\infty}^{0} x \cdot 0\, dx + \int_{0}^{2} x \cdot \frac{3}{8} x^2\, dx + \int_{2}^{x} x \cdot 0\, dx =$$

$$= \frac{3}{8} \int_{0}^{2} x^3\, dx = \frac{3}{8} \left[\frac{x^4}{4} \right]_0^2 = \frac{3}{2} = 1.5\,\text{kg}$$

$$Var[X] = E[X^2] - E[X]^2 = \int_{-\infty}^{+\infty} x^2\, f_X(x)\, dx - 1.5^2 =$$

$$= \frac{3}{8} \int_{0}^{2} x^4\, dx - 2.25 = \frac{3}{8} \left[\frac{x^5}{5} \right]_0^2 - 2.25 = 0.15\,\text{kg}^2$$

5.4. Modelos probabilísticos

Una de las preocupaciones de los científicos dedicados al Cálculo de Probabilidades ha sido construir modelos de distribuciones de probabilidad que pudieran representar el comportamiento teórico de diferentes fenómenos aleatorios que aparecen en el mundo real. Se puede observar como diferentes distribuciones de probabilidad tienen una estructura matemática parecida, es decir, responden a un mismo modelo.

Una distribución de probabilidad queda definida mediante la especificación de la variable, su campo de variación y la determinación de sus probabilidades.

Si un conjunto de distribuciones tienen sus funciones de definición (función de distribución, de densidad, de probabilidad) con la misma estructura funcional, diremos que pertenecen a la misma familia de distribuciones o al

mismo *modelo de probabilidad.*

La estructura matemática de las funciones de definición de las distribuciones de la misma familia, suele depender de uno o varios parámetros a los que llamaremos *parámetros de la distribución.*

Las ventajas de trabajar con modelos es que podemos aplicar unas fórmulas matemáticas que permiten fácilmente calcular probabilidades.

5.4.1   La distribución o modelo Binomial

Consideremos un experimento aleatorio que puede dar lugar únicamente a dos resultados, A (llamado habitualmente éxito) y $\overline{A}$ (llamado habitualmente fracaso), con probabilidades de ocurrencia respectivas p y q $(p + q = 1)$.

Definición 5.9 *Un experimento como el anterior se denomina experimento de Bernoulli.*

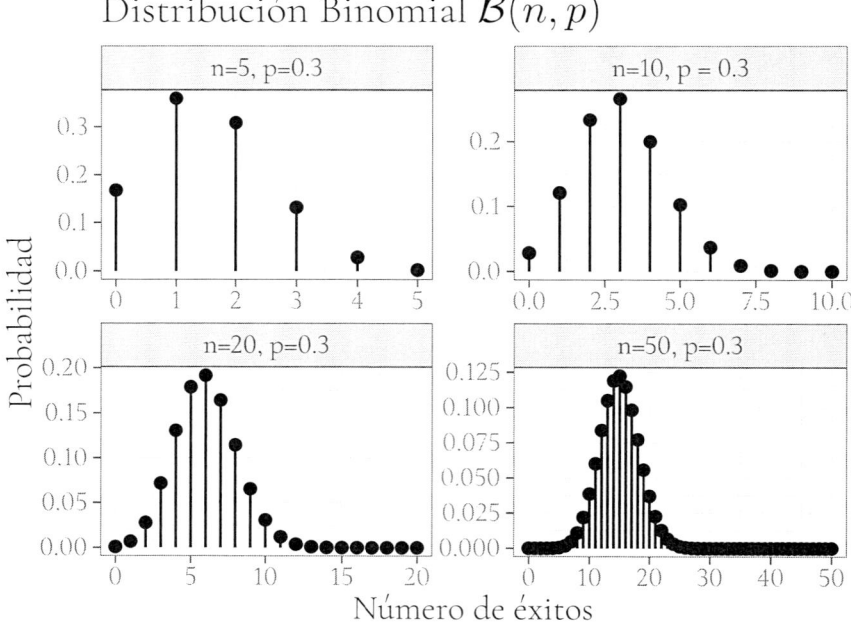

Figura 5.1: Función de probabilidad de distintas distribuciones Binomiales

Supongamos que se realizan n repeticiones independientes de un experimento de Bernoulli con probabilidades de éxito y fracaso respectivas p y q que permanecen invariantes a lo largo de todo el proceso. Si estamos interesados en estudiar el número de veces que ocurre el suceso A (éxito) en las n repeticiones del experimento, podemos definir la variable aleatoria siguiente:

$X =$ " número de éxitos que ocurren en las n pruebas independientes"

Los posibles valores de la variable X son $\{0, 1, 2, \ldots, n\}$ y su correspondiente función de probabilidad es

$$P[X = k] = \binom{n}{k} p^k q^{n-k}, \text{ para } k = 0, 1, 2, \ldots, n$$

A la distribución de la variable anterior se la conoce con el nombre de distribución Binomial de parámetros n y p. Simbólicamente se representa la variable mediante $X \sim \mathcal{B}(n, p)$.

Sus principales características son:

(a) $E[X] = np$

(b) $Var[X] = npq$

Caso 3

La Lamada Sexta Enmienda de la Constitución de los Estados Unidos expresa que:

> "En toda causa criminal, el acusado gozará del derecho de ser juzgado pública y expeditamente, por un jurado imparcial del Estado y distrito en el que el delito se haya cometido, distrito que habrá sido determinado previamente por la ley; así como de ser informado sobre la naturaleza y causa de la acusación; que se le caree con los testigos en su contra; que se obligue a comparecer a los testigos en su favor y de contar con la ayuda de Asesoría Legal para su defensa."

El acusado tiene derecho no sólo a un jurado, sino también a que este jurado sea imparcial. Básicamente debe entenderse la imparcialidad como

que el grupo de personas del cual ha sido seleccionado, debe representar a los diferentes estratos de la comunidad.

En Whitus v. Georgia, 385 US 545 (1967) el Tribunal utilizó por primera vez probabilidades binomiales para afrontar problemas de discriminación en la selección de los jurados. En este caso, el 27 % de la población de donde debía ser seleccionado el jurado era de raza negra. De una lista revisada de candidatos, que se supone que reflejaba fielmente la estructura racial de la comunidad, se extrajeron de forma aleatoria 90 personas, de las cuales 7 resultaron ser de raza negra. La composición de este grupo, del que se debían seleccionar los miembros del jurado, planteó serias dudas relativas a que mantuviese la composición racial de la población.

Asumiendo que en la lista revisada un 27 % fuese de raza negra, y considerando

$$X = \text{"número de candidatos de raza negra de los 90 seleccionados al azar"} \sim \mathcal{B}(90, 0.27),$$

la probabilidad matemática de obtener 7 personas negras de un total de 90 es:

$$P[X = 7] = 0.000003.$$

Dato histórico

Aquel modelo Binomial en el que $n = 1$ se conoce como modelo de Bernoulli. Toma su nombre del insigne matemático Jacob Bernoulli (1654-1705), quien lo introdujo en su obra *Ars Conjectandi*. Perteneció a una de las familias más importantes en toda la historia de la probabilidad. Cabe también resaltar que fue el primero que se preocupó por la extensión de las aplicaciones de la probabilidad a otras situaciones diferentes de los juegos de azar.

5.4.2 La distribución o modelo de Poisson

Supongamos que se realiza un experimento consistente en observar la aparición de ciertos acontecimientos puntuales o éxitos que ocurren sobre un soporte continuo (tiempo, espacio, longitud, etc...) con las siguientes condiciones:

(a) El número medio de éxitos a largo plazo es constante.

(b) Los éxitos ocurren aleatoriamente de forma independiente.

A este tipo de experimentos se les llama procesos de Poisson y son ejemplos del mismo la llegada de clientes a cierta ventanilla de un banco en un intervalo concreto de tiempo, los defectos que aparecen en cada rollo de cable, etc.
  Para este tipo de procesos, podemos definir la variable:

$X =$ "número de éxitos en un intervalo de amplitud determinada"

Los posibles valores de la variable X son $\{0, 1, 2 \ldots\}$ y su correspondiente función de probabilidad es

$$P[X = k] = e^{-\lambda} \cdot \frac{\lambda^k}{k!}, \quad \text{para } k = 0, 1, 2 \ldots$$

Diremos que una variable de este tipo sigue una distribución de Poisson de parámetro λ ($\lambda > 0$) y escribiremos $X \sim \mathcal{P}(\lambda)$

Sus principales características son:

(a) $E[X] = \lambda$

(b) $Var[X] = \lambda$

En el ámbito de la criminología, la distribución de Poisson puede servir para modelar diversas situaciones, como por ejemplo: el número de homicidios en cierto periodo de tiempo, el número de personas detenidas mensualmente por tenencia ilegal de armas en cierta provincia o el número diario de hurtos en cierta ciudad.

Distribución de Poisson $\mathcal{P}(\lambda)$

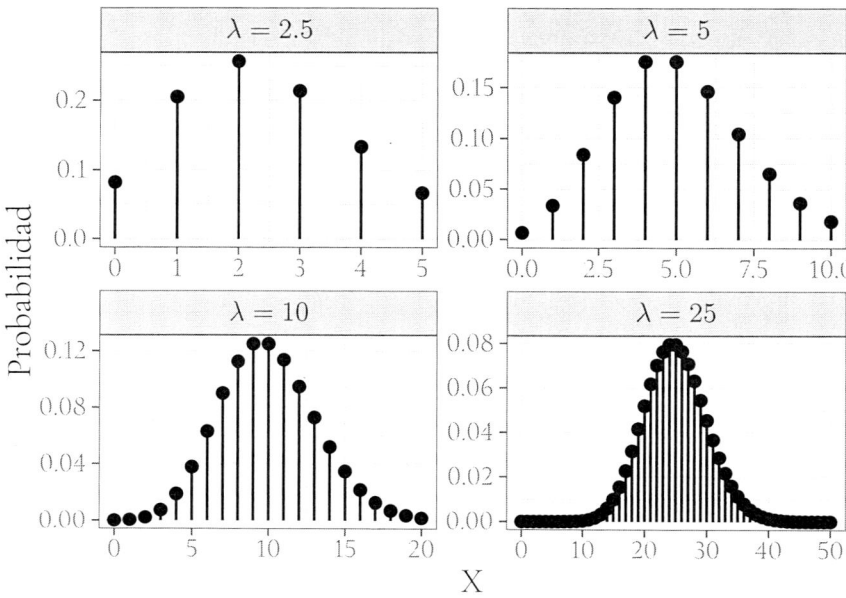

Figura 5.2: Función de probabilidad de distintas distribuciones de Poisson

Ejemplo 5.4.1

En la siguiente tabla se ha recogido información sobre la variable X = "número trimestral de homicidios dolosos y asesinatos consumados en la provincia de Huelva". Los datos obtenidos son para el periodo 2012-2016.

x_i	n_i	f_i
0	6	0.30
1	8	0.40
2	3	0.15
3	2	0.10
4	1	0.05

(Fuente: Ministerio del Interior)

Distribución de Poisson $\mathcal{P}(1.2)$

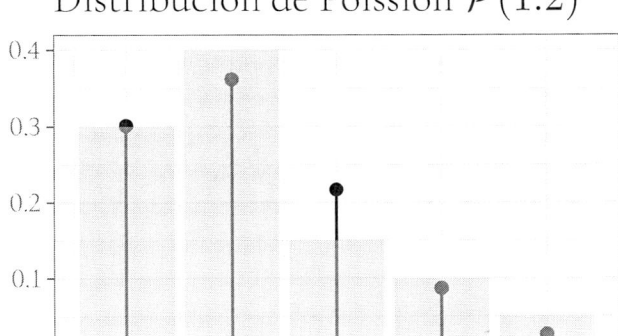

En la figura anterior, los puntos representan las probabilidades teóricas de la distribución $\mathcal{P}(1.2)$ y los rectángulos las diferentes frecuencias relativas, f_i.

Podemos calcular la probabilidad teórica en R commander mediante el menú Distribuciones. Si queremos calcular la probabilidad $P[X = 2]$ para una distribución $X \sim \mathcal{P}(1.2)$, pulsamos en Distribuciones $\rightarrow$ Distribuciones discretas $\rightarrow$ Distribución de Poisson $\rightarrow$ Probabilidades de Poisson. Seguidamente introducimos el valor de la media (λ), en nuestro caso 1.2, y en la pantalla aparecerán las probabilidades

```
   Probability
0  0.301194212
1  0.361433054
2  0.216859833
3  0.086743933
4  0.026023180
5  0.006245563
6  0.001249113
```

Así pues $P[X = 2] = 0.216859833$. Obsérvese que R commander muestra solo los siete primeros valores de la distribución $\mathcal{P}(1.2)$, y omi-

te los demás por tener un valor muy bajo. En cualquier caso podrían accederse a ellos introduciendo en la **consola de comandos** el comando **dpois(x=7, lambda=1.2)** obteniendo el valor

0.0002141336

Dato histórico

Este modelo debe su nombre al físico y matemático francés Simeón Denis Poisson (1781-1840). Aparece por primera vez en su trabajo *Investigación sobre la probabilidad de juicios en materia criminal y civil*. Con posterioridad, Richardson (1944) y Hayes (2002) usan la distribución de Poisson para analizar diferentes aspectos de las guerras, como por ejemplo el número de guerras que se inician por año. También ha sido usado este modelo para predecir los impactos de los bombardeos alemanes en Londres durante la Segunda Guerra Mundial.

5.4.3 La distribución o modelo Normal

Se dirá que la variable aleatoria X sigue una distribución Normal de parámetros $\mu \in \mathbb{R}$ y $\sigma > 0$ si su función de densidad es de la forma:

$$f_X(x) = \frac{1}{\sigma\sqrt{2\pi}} \cdot e^{\frac{-1}{2}\left(\frac{x-\mu}{\sigma}\right)^2} \text{, para } x \in \mathbb{R}.$$

Simbólicamente escribiremos $X \sim \mathcal{N}(\mu, \sigma)$

En la distribución $\mathcal{N}(\mu, \sigma)$, en torno a un 68 % de los valores de la variable se encuentran en el intervalo $(\mu - \sigma, \mu + \sigma)$, mientras que alrededor de un 95 % se encontrarían en el intervalo $(\mu - 2\sigma, \mu + 2\sigma)$. La distribución que aparece en la figura 5.3 corresponde a la conocida normal estándar o normal tipificada, $\mathcal{N}(0, 1)$. En este caso el intervalo $(-1, 1)$ contiene aproximadamente un 68 % de los valores de la variable, mientras que el intervalo $(-2, 2)$ contiene a un 95 %.

Distribución Normal $\mathcal{N}(0,1)$

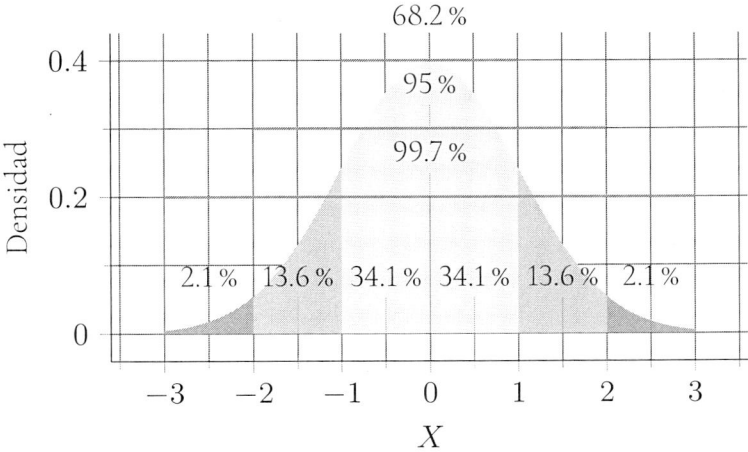

Figura 5.3: Función de densidad de una distribución $\mathcal{N}(0,1)$

Sus principales características son:

(a) $E[X] = \mu$

(b) $Var[X] = \sigma^2$

Ejemplo 5.4.2

En caso de que queramos calcular la probabilidad que acumula el intervalo $(-1,1)$, es decir $P[-1 < X < 1]$ si $X \sim \mathcal{N}(0,1)$ mediante R commander, pulsaremos los menús Distribuciones $\rightarrow$ Distribuciones continuas $\rightarrow$ Distribución normal $\rightarrow$ Probabilidades normales acumuladas.

En la casilla Valor(es) de la variable introducimos los valores $-1, 1$, dejamos la media igual a 0 y la desviación típica igual a 1. También dejamos marcada la opción Cola izquierda. De esta manera los valores

que obtenemos 0.1586553 y 0.8413447. Por tanto

$$P[-1 < X < 1] = P[X < 1] - P[X \leq -1]$$
$$= P[X \leq 1] - P[X \leq -1]$$
$$= 0.8413447 - 0.1586553 = 0.6826894$$

Podemos resumir la importancia de la distribución Normal diciendo que:

(a) Un gran número de fenómenos reales pueden modelizarse con ella. Por ejemplo, las medidas físicas del cuerpo humano en una población, las características psíquicas medidas por tests de inteligencia o personalidad, las medidas de calidad en muchos procesos industriales, etc.

(b) Muchas otras distribuciones pueden aproximarse mediante la distribución Normal.

(c) Todas aquellas variables que puedan considerarse causadas por un gran número de pequeños efectos tienden a distribuirse como una distribución Normal.

Ejemplo 5.4.3

Uso de la hipnosis con testigos presenciales:

Se conoce como hipermnesia hipnótica el aumento o la recuperación de la memoria mediante el uso de la hipnosis. La capacidad para ser hipnotizado muestra una distribución normal similar a la de la inteligencia. Según Hilgard (1965), un 10 por ciento de la población no puede ser hipnotizada, entre el 5 y el 10 son altamente sugestionables y la mayor parte de las personas cae entre estos dos extremos.

Ejemplo 5.4.4 🖮

El análisis de umbral para identificar patrones delictuales, es una técnica estadística que identifica delitos y áreas geográficas que han cruzado el "umbral" de actividad "normal" a una excepcional. Este tipo de análisis funciona haciéndose dos preguntas simples. De un lado, ¿cuál es el volumen "normal" o esperado para cierto tipo de delito, en el área en cuestión, en un período de tiempo determinado? y de otro, ¿cómo se compara la actividad actual con lo que es "normal"?

Para ver el proceso usaremos la siguiente tabla que muestra datos relativos a la provincia de Cádiz sobre dos tipos de infracciones penales, medidas de enero a marzo (primer trimestre) en el periodo 2011-2017.

Infracción penal	2011	2012	2013	2014	2015	2016	**2017**
Robos con violencia e intimidación	244	236	262	270	188	214	**217**
Robos con fuerza en domicilios	583	778	796	831	728	592	**497**

(Fuente: Ministerio del Interior)

Usando los datos correspondientes al periodo 2011-2016 calculamos: el número medio y la desviación típica para cada tipo de delito. Se desea comparar la actividad actual durante el mismo periodo del año 2017 con la norma. Para ello se consideran los valores correspondientes al año 2017 una vez tipificados (z).

Infracción penal	Media	Desviación	z
Robos con violencia e intimidación	235.6667	27.9384	-0.6681
Robos con fuerza en domicilios	718	97.1717	-2.2743

Así, teniendo en cuenta la función de densidad dada en la figura 5.3, los valores tipificados, z, que se sitúan en el rango de -1 a 1 indicarían un tipo de incidente dentro del rango que se esperaría para esta categoría. Entre -2 y -1, el tipo de incidente se denomina "fresco", algún factor puede estar influyendo en que baje o quizás sea sólo una fluctuación aleatoria. Valores de z inferiores a -2 indicarían un tipo de incidente denominado "frío", significativamente bajo lo normal.

De forma simétrica, cuando valores de **z** caen entre 1 y 2 al tipo de incidente se le denomina "templado" y si supera a 2 el tipo de incidente es "caluroso".

En nuestro ejemplo, el tipo de delito *Robos con violencia e intimidación* parece estar dentro del rango que se esperaría para esta categoría. Sin embargo, para el tipo de incidente *Robos con fuerza en domicilios*, el correspondiente valor tipificado **z** nos indica que este delito debe ser considerado como "frío". Sería interesante investigar qué factores han podido causar que este tipo de infracción esté disminuyendo, y así tenerlos en cuenta en otros periodos de tiempo, en otras provincias o regiones, o en otros tipos de delitos.

Curiosidad

Lambert Adolphe Jacques Quetelet fue un astrónomo y naturalista belga, también sociólogo, matemático y estadístico del siglo XIX que aplicó el método estadístico al estudio de la sociología. Publicó una extensa bibliografía sobre temas de astronomía y física, sin embargo la obra que lo vinculó con el ámbito criminológico fue la "Física social o Ensayo sobre el desarrollo de las facultades del hombre". Esta obra, publicada en Bruselas en 1869, contenía la ley de la distribución Normal del delito y las famosas curvas estadísticas sobre criminalidad y clima (leyes térmicas).

5.4.4   Teorema Central del límite

El Teorema Central del Límite (TCL) suele considerarse como uno de los resultados teóricos más importantes de la teoría de la probabilidad. Recoge las condiciones bajo las que la suma de un número elevado de variables aleatorias sigue una distribución aproximadamente Normal. La primera versión de este teorema fue propuesta por De Moivre (1733) como aproximación de la distribución Binomial. Posteriormente ha sido generalizada por varios autores, siendo la más conocida la formulada por Lévy y Lindeberg.

Teorema 5.1 *(TCL) Sea $X_1, X_2, X_3, \ldots$ una sucesión de variables aleatorias independientes e idénticamente distribuídas y con momentos de segundo orden finitos. Si se* *tiene que* $E[X_i] = \mu$ *y* $Var[X_i] = \sigma^2$, *para todo* i, *se verifica que, cuando* n *tiende a* ∞:

$$\sum_{i=1}^{n} X_i \sim \mathcal{N}(n\mu, \sigma\sqrt{n})$$

En la práctica se obtiene una buena aproximación si $n \geq 30$.

Caso 4

En Avery v. Georgia, 345 US 559 (1953), un acusado de raza negra era condenado por un jurado compuesto exclusivamente por personas de raza blanca, extraídos de un conjunto de 60 candidatos también todos blancos. Los 60 candidatos fueron seleccionados de una población en la que el 5 % era de raza negra. ¿Cuál es la probabilidad de que ocurra tal hecho?

Sea X = "número de candidatos de raza negra de entre los 60"

$$X \sim \mathcal{B}(60, 0.05) \sim \mathcal{P}(3)(aprox)$$

$$P[X = 0] = \begin{cases} 0.046069, \text{usando } \mathcal{B}(60, 0.05) \\ 0.049787, \text{usando } \mathcal{P}(3) \end{cases}$$

En tal sentido un juez escribió: "No solamente los ojos, sino también la mente de la justicia, debe ser ciega para atribuir esta situación a un mero hecho fortuito"

Curiosidad

En el pasado, sin la ayuda de los ordenadores, los cálculos probabilísticos resultaban muy tediosos. Para ello se usaban unas tablas, que actualmente pueden verse en las últimas páginas de la mayoría de los libros dedicados a estos temas. Estas tablas nos facilitaban probabilidades de las distribuciones más usuales para ciertos parámetros de las mismas. Cuando se necesitaba algo no reflejado en ellas, solía recurrirse al uso de aproximaciones. Es decir, a realizar un cálculo que debería realizarse con un determinado modelo, mediante otro que proporcionaba un resultado aproximado. A continuación recogemos tres de las más importantes.

Teorema 5.2 *Sea X una variable aleatoria con distribución $\mathcal{B}(n, p)$ se verifica que si $p \leq 0.1$ y $np = \lambda < 5$ la distribución de X puede aproximarse por ser $\mathcal{P}(np)$.*

Teorema 5.3 (de De Moivre-Laplace) *Sea X una variable aleatoria con distribución $\mathcal{B}(n, p)$. Se verifica que si $p < 0.1$ y $np > 5$ ó $0.1 < p < 0.9$ y $n > 30$ la distribución de X puede aproximarse por ser $\mathcal{N}\left(np, \sqrt{npq}\right)$.*

Gráficamente puede observarse en la figura 5.1

Teorema 5.4 *Sea X una variable aleatoria con distribución $\mathcal{P}(\lambda)$. Se verifica que si $\lambda > 10$ la distribución de X puede aproximarse por ser $\mathcal{N}\left(\lambda, \sqrt{\lambda}\right)$.*

Gráficamente puede observarse en la figura 5.2

Capítulo 6

Introducción a la inferencia. Muestreo

Contenidos

6.1. Introducción 145
6.2. Tipos de Muestreo 150
6.3. Muestreo en poblaciones normales 151

6.1. Introducción

En los temas anteriores se han estudiado dos partes bien diferenciadas de la Estadística. Una primera encargada de la observación de la realidad a través de conjuntos de datos obtenidos de una variable sobre cuyo conocimiento estamos interesados. La información obtenida se sintetizó mediante algunas medidas como la media aritmética, la varianza o la proporción.

Posteriormente estudiamos el marco teórico que soporta los resultados en la Estadística, el Cálculo de Probabilidades. En particular se presentaron algunos modelos probabilísticos como el Binomial o el Normal, modelos matemáticos que ayudan a explicar la realidad cuando ésta se enmarca en un ambiente de incertidumbre.

En la tercera parte de este texto nuestro interés estará centrado en la obtención de conclusiones acerca de conjuntos, en general numerosos, a los que llamaremos poblaciones. Para ello nos basaremos en el estudio de una parte

extraída de ellos. Al conjunto de técnicas necesarias para este propósito se le conoce con el nombre de Inferencia Estadística.

En primer lugar recordemos que se llama población o universo a todo el conjunto de individuos o elementos que participan de la característica objeto de estudio. Vamos a continuar definiendo algunos conceptos básicos de la Inferencia Estadística.

Definición 6.1 *Cuando el investigador requiere información de todos y cada uno de los elementos de la población estadística se dice que se está realizando un censo.*

La realización de un censo presenta evidentes inconvenientes. Entre ellos:

(a) Costo elevado, en tiempo y dinero, si el número de elementos de la población es elevado.

(b) Como la obtención de la información es lenta, puede ocurrir que la característica a estudiar varíe en el transcurso de la realización del censo.

(c) Posible transformación o destrucción de los elementos de la población.

Una práctica habitual para evitar estos inconvenientes consiste en analizar exhaustivamente solo una parte representativa de la población y extrapolar las conclusiones obtenidas a la población.

Llamábamos *muestra* a cualquier subconjunto representativo de la población. Al número de unidades que la compone lo llamaremos *tamaño muestral* y al proceso de selección de la muestra se conoce como *muestreo*.

En este caso en el que se requiere información sólo de la muestra se dice que se está realizando una *encuesta*.

Definición 6.2 *La metodología que nos permitirá hacer predicciones sobre la población a partir de la información contenida en la muestra recibe el nombre de Inferencia Estadística.*

Según los objetivos y planteamientos se distinguen dos tipos de Inferencia:

(a) Inferencia paramétrica. Es la que se realiza si es conocida la ley de probabilidad de la variable de interés, desconociendo uno o varios de sus parámetros.

(b) Inferencia no paramétrica. Es aquella en la que desconocemos la ley de probabilidad de la variable de interés o solo conocemos propiedades muy generales de ella.

Ejemplo 6.1.1

Se está desarrollando un test que, en base a las puntuaciones obtenidas, permita predecir el comportamiento delictivo en adolescentes. Hasta el momento, tras su aplicación a jóvenes delincuentes y no delincuentes, ha mostrado resultados diferentes en ambos grupos, obteniéndose puntuaciones más altas en el primer grupo. El análisis de los resultados ha permitido también establecer que la variable aleatoria, X= "puntuación obtenida en el test", sigue una distribución Normal. Necesitamos conocer cuales son los **parámetros poblacionales**, media (μ), y desviación típica (σ) para que el test pueda ser utilizado con la finalidad para la que fue diseñado. El análisis de una muestra aleatoria de puntuaciones del test para obtener un valor razonable de la puntuación media y de la desviación típica poblacionales se enmarcaría dentro de la Inferencia paramétrica.

En caso de desconocer la distribución de la variable X, deducir el modelo razonable en base a la información aportada por una muestra sería estudiado por la Inferencia no paramétrica.

Otros conceptos relevantes relacionados con la Inferencia Estadística se definen a continuación.

Definición 6.3 *Llamaremos muestra aleatoria simple (m.a.s.) a n variables aleatorias* $(X_1, X_2, ..., X_n)$ *independientes e idénticamente distribuidas.*

Al conjunto de valores observados $(x_1, x_2, ..., x_n)$ se llama realización de la muestra[1].

Definición 6.4 *Se llama estadístico a una función de la muestra* $g(X_1, X_2, ..., X_n)$.

---

[1]Aclaramos que a partir de ahora utilizaremos n para indicar el tamaño muestral y N para el tamaño de la población cuando esta sea conocida.

Ejemplo 6.1.2

Dada una m.a.s. de tamaño n, $(X_1, X_2, ..., X_n)$, los estadísticos más habituales son:

(a) Media muestral:

$$\overline{X} = \frac{\displaystyle\sum_{i=1}^{n} X_i}{n}$$

(b) Varianza muestral:

$$S^2 = \frac{\displaystyle\sum_{i=1}^{n} \left(X_i - \overline{X}\right)^2}{n}$$

(c) Cuasivarianza muestral:

$$S_c^2 = \frac{\displaystyle\sum_{i=1}^{n} \left(X_i - \overline{X}\right)^2}{n-1}$$

(d) Momento muestral de orden k respecto del origen:

$$a_k = \frac{\displaystyle\sum_{i=1}^{n} X_i^k}{n}$$

(e) Proporción muestral: proporción de individuos de la muestra que presentan la característica objeto del estudio.

En este curso nos centraremos en el estudio de la Estadística paramétrica.

Definición 6.5 *Sea $F(x; \theta)$ la función de distribución de la variable X y θ un parámetro desconocido, se llama estimador de θ, $\widehat{\theta} = g(X_1, X_2, ..., X_n)$, a un estadístico cuyo objetivo es inferir el valor del parámetro θ a partir de la información muestral.*

Definición 6.6 *Se llama estimación a uno de los posibles valores que puede tomar el estimador al obtener una realización muestral particular*

$$\widehat{\theta}_0 = g(x_1, x_2, ..., x_n).$$

OBSERVACIÓN 6.1 *La estimación es un número mientras que el estimador es una variable aleatoria al depender su valor de la muestra elegida.*

Ejemplo 6.1.3

Los estadísticos proporcionados en el ejemplo 6.1.2 son estimadores. La media muestral es un estimador de la media poblacional, la varianza y la cuasivarianza muestrales son estimadores de la varianza poblacional y la proporción muestral es un estimador de la proporción poblacional.

Con el enunciado del ejemplo 6.1.1, supongamos que se ha sometido al test a una muestra de 36 jóvenes y se ha obtenido una estimación de μ y otra de σ

$$\widehat{\mu}_0 = \overline{x} = 75.20 \,\text{puntos} \qquad \widehat{\sigma}_0 = s_c = 10.98 \,\text{puntos}$$

Se ha estimado la media poblacional con la media muestral, $\overline{x}$, y la desviación típica poblacional con la cuasidesviación típica muestral, s_c.

Ejemplo 6.1.4

Con el enunciado del ejemplo 6.1.1, supongamos que se han obtenido cinco muestras aleatorias y, por tanto, representativas de la población de la que han sido extraídas. Estas dieron lugar a las siguientes estimaciones de μ y

σ:

Muestra	Estadístico muestral $\overline{x}$	Estadístico muestral s_c
1	72.71	11.15
2	76.82	9.79
3	76.08	10.84
4	70.45	12.12
5	73.10	9.89

Los parámetros poblacionales son constantes aunque desconocidos, mientras que los estadísticos muestrales son variables aleatorias.

La Inferencia Estadística consiste fundamentalmente en la resolución de dos grandes categorías de problemas:

(a) La Estimación.

Consiste en determinar el valor del parámetro poblacional desconocido, de dos formas posibles:

  (i) Estimación puntual: se produce la determinación de un valor concreto para el parámetro poblacional.

  (ii) Estimación por intervalos: se produce la determinación de un intervalo en el que quede incluido el valor del parámetro poblacional con cierto grado de probabilidad.

(b) El Contraste de Hipótesis.

Consiste en determinar si es aceptable, a partir de los datos muestrales, que el parámetro poblacional tome un valor determinado o pertenezca a un intervalo determinado.

6.2. Tipos de Muestreo

Recordemos que habíamos llamado muestreo al proceso de selección de la muestra. Según como se realice dicho proceso se obtienen diferentes tipos de muestreo.

Definición 6.7 *Muestreo no probabilístico o no aleatorio es aquel en el que no puede calcularse de antemano cuál es la probabilidad de obtener cada una de las muestras que sea posible seleccionar.*

Entre ellos se encuentran el muestreo por cuotas, el opinático o intencional y el errático o sin norma. Estos tipos de muestreo aunque abaratan la recogida de la información, carecen de rigor científico.

Definición 6.8 *Muestreo probabilístico o aleatorio es aquel en el que puede calcularse de antemano cuál es la probabilidad de obtener cada una de las muestras que sea posible seleccionar. Para esto es necesario que la selección pueda considerarse como un experimento aleatorio.*

Entre los principales muestreos probabilísticos se encuentran el aleatorio simple, el estratificado, el sistemático y el de conglomerados. En este tipo de muestreo las conclusiones son generalizables aunque suponen un mayor coste que los no probabilísticos. No es objetivo de este manual la profundización en los diferentes tipos de muestreo, para más información puede consultarse [FR06; Tho12].

6.3. Muestreo en poblaciones normales

En este apartado se presenta la distribución en el muestreo seguida por los estadísticos usuales bajo la hipótesis de que la variable de interés siga una distribución Normal [2].

6.3.1 Distribución χ^2 de Pearson

La distribución χ^2 de Pearson con ν grados de libertad es la distribución de una variable continua X, cuya función de densidad es:

$$f(x) = \frac{e^{-\frac{x}{2}} x^{\frac{\nu}{2}-1}}{2^{\frac{\nu}{2}} \Gamma\left(\frac{\nu}{2}\right)}, \quad x > 0, \ \nu \geq 1,$$

---

[2]La distribución Normal ocupa un lugar fundamental en el Cálculo de Probabilidades. Por ello, de manera especial se estudia el muestreo bajo la hipótesis de normalidad.

donde $\Gamma\left(\cdot\right)$ es la función Gamma que se define como $\Gamma\left(p\right) = \displaystyle\int_0^\infty e^{-x}x^{p-1}dx$.

Escribiremos $X \sim \chi_\nu^2$, y sus principales características son:

(a) $E\left[X\right] = \nu$.

(b) $Var\left[X\right] = 2\nu$.

(c) Sólo puede tomar valores positivos por tratarse de sumas de cuadrados de ν variables aleatorias, como puede deducirse del teorema siguiente.

Teorema 6.1 *Sean X_1, X_2, ..., X_ν, ν variables aleatorias independientes entre sí cada una con distribución $\mathcal{N}(0, 1)$, se verifica que*

$$X_1^2 + X_2^2 + ... + X_\nu^2 \sim \chi_\nu^2$$

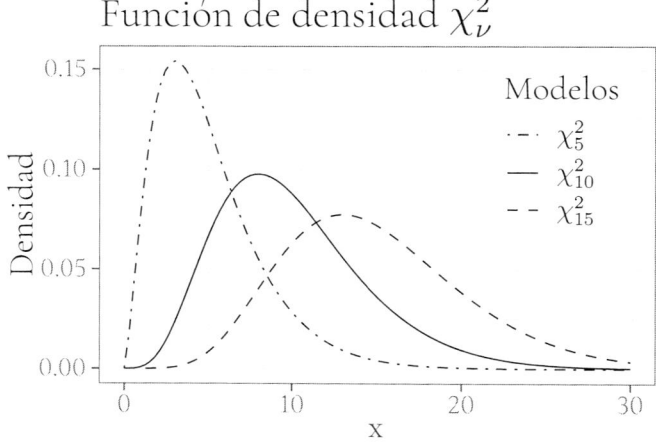

Figura 6.1: Función de densidad de la distribución χ_ν^2 para valores de ν igual a 5, 10 y 15.

6.3.2 Distribución de la cuasivarianza muestral

Para la estimación de la varianza poblacional usaremos como estimador la cuasivarianza muestral, S_c^2, que en el caso de muestras de tamaño n procedentes de una distribución $\mathcal{N}(\mu, \sigma)$, verifica:

$$\frac{(n-1)S_c^2}{\sigma^2} \sim \chi_{n-1}^2$$

Curiosidad

Vamos a realizar una demostración empírica de la relación

$$\frac{(n-1)S_c^2}{\sigma^2} \sim \chi_{n-1}^2.$$

Para ello fijaremos el tamaño muestral $n = 6$, y obtendremos 6 valores de una distribución $\mathcal{N}(7, 3)$. Esta distribución se pone únicamente como ejemplo de la demostración empírica:

Fila	X_1	X_2	X_3	X_4	X_5	X_6
1	1.94	5.62	4.90	3.30	6.79	1.61

Redondeamos a dos cifras decimales persiguiendo claridad en la demostración. Con esos 6 valores calculamos S_c^2

Fila	X_1	X_2	X_3	X_4	X_5	X_6	S_c^2
1	1.94	5.62	4.90	3.30	6.79	1.61	4.33

y por último calculamos el valor del estadístico $\dfrac{(n-1)S_c^2}{\sigma^2}$, y que en nuestro caso será

$$\frac{(6-1)S_c^2}{3^2} = \frac{5 \cdot 4.33}{9} = 2.40$$

A este valor lo llamamos $d = 2.40$, obteniendo

Fila	X_1	X_2	X_3	X_4	X_5	X_6	S_c^2	d
1	1.94	5.62	4.90	3.30	6.79	1.61	4.33	2.40

Si este proceso lo ejecutamos mil veces, obtendremos 1000 valores para d, es decir, 1000 valores del estadístico $\dfrac{(6-1)S_c^2}{3^2}$ y, según queremos demostrar, este histograma debería parecerse al modelo χ_5^2, es decir,

$$\frac{(6-1)S_c^2}{3^2} \sim \chi_5^2$$

Repitiendo el método anterior 1000 veces, obtendremos la siguiente tabla

Fila	X_1	X_2	X_3	X_4	X_5	X_6	S_c^2	d
1	1.94	5.62	4.90	3.30	6.79	1.61	4.33	2.40
2	12.62	6.08	6.46	8.41	11.45	6.16	8.23	4.57
3	9.05	7.99	3.26	6.68	6.79	9.57	5.12	2.84
...	...	...	...	...	...	...	...	...
1000	6.73	8.89	7.23	11.75	5.47	8.99	4.86	2.70

Si dibujamos un histograma de los valores d deberá parecerse a la distribución χ_5^2, tal y como representamos en la figura 6.2.

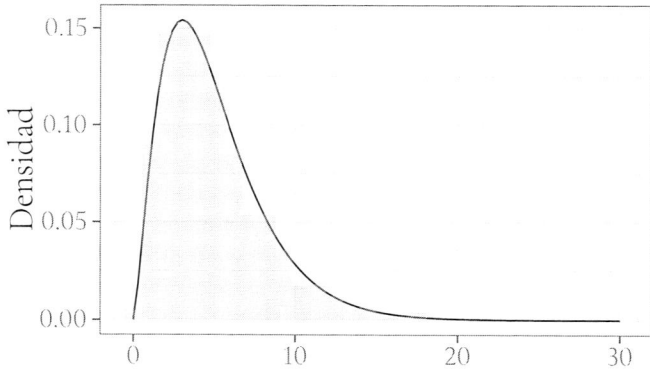

Figura 6.2: El histograma representa diferentes valores del estimador $\frac{(6-1)S_c^2}{3^2}$ para muestras de tamaño 6 obtenidas de la distribución $\mathcal{N}(7,3)$. La línea continua representa la densidad de una distribución χ_5^2.

6.3.3   Distribución t de Student

La distribución t de Student con ν grados de libertad es la distribución de una variable continua X, cuya función de densidad es:

$$f(x) = \frac{1}{\sqrt{\nu \pi}} \frac{\Gamma\left(\dfrac{\nu+1}{2}\right)}{\Gamma\left(\dfrac{\nu}{2}\right)} \left(1 + \frac{x^2}{\nu}\right)^{-\frac{(\nu+1)}{2}} , \quad x \in \mathbb{R}, \nu \geq 1$$

Simbólicamente escribiremos $X \sim t_\nu$.

Sus principales características son:

(a) $E[X] = 0$.

(b) $Var[X] = \dfrac{\nu}{\nu - 2}$, para $\nu > 2$.

(c) Su función de densidad es simétrica teniendo como campo de variabilidad a toda la recta real.

(d) Al aumentar el número de grados de libertad la gráfica de la función de densidad se va haciendo más apuntada, siendo $\mathcal{N}(0, 1)$ la distribución límite cuando ν tiende a infinito.

Teorema 6.2 *Sea X_1 una variable aleatoria con distribución $\mathcal{N}(0, 1)$, y sea X_2 otra variable con distribución χ_ν^2, ambas independientes entre sí. Se verifica que*

$$\frac{X_1}{\sqrt{\dfrac{X_2}{\nu}}} \sim t_\nu$$

6.3.4   Distribución de la media muestral

Para la estimación de la media poblacional usaremos como estimador la media muestral, $\overline{X}$, que en el caso de muestras de tamaño n procedentes de una distribución $\mathcal{N}(\mu, \sigma)$, y según la información de que se disponga verifica:

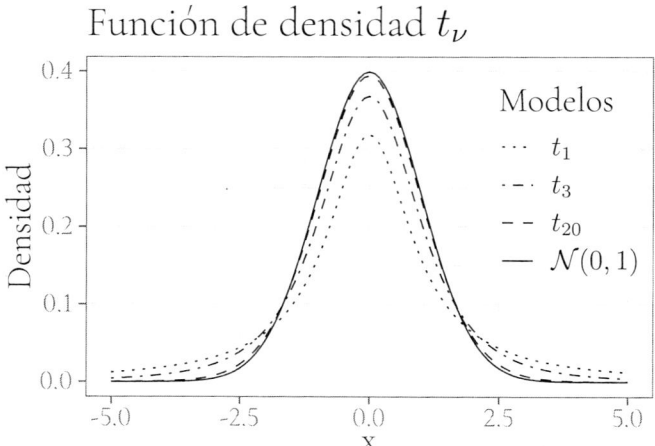

Figura 6.3: Representación de tres modelos de la distribución t_ν para ν igual a 1, 3 y 20. Obsérvese el gran parecido de las distribuciones t_{20} y $\mathcal{N}(0,1)$

(a) Si la varianza poblacional σ^2 es conocida:

$$\overline{X} \sim \mathcal{N}\left(\mu, \frac{\sigma}{\sqrt{n}}\right) \text{ y por tanto } Z = \frac{\overline{X} - \mu}{\sigma}\sqrt{n} \sim \mathcal{N}(0,1)$$

OBSERVACIÓN 6.2 *En ausencia de la hipótesis de normalidad, y para muestras grandes $(n \geq 30)$, se obtendría el mismo resultado, es este caso aproximado, en virtud del Teorema Central del Límite.*

(b) Si la varianza poblacional σ^2 es desconocida:

$$\frac{\overline{X} - \mu}{S_c}\sqrt{n} \sim t_{n-1}$$

OBSERVACIÓN 6.3 *En ausencia de la hipótesis de normalidad, y para muestras grandes $(n \geq 30)$, se obtendría que, aproximadamente:*

$$\frac{\overline{X} - \mu}{S_c}\sqrt{n} \sim \mathcal{N}(0,1)$$

6.3.5 Distribución de la diferencia de medias muestrales

Para la estimación de la diferencia de las medias poblacionales usaremos como estimador la diferencia de las respectivas medias muestrales, $\overline{X}$ e $\overline{Y}$, que en el caso de muestras de tamaño n_1 y n_2 procedentes de distribuciones $\mathcal{N}(\mu_1, \sigma_1)$ y $\mathcal{N}(\mu_2, \sigma_2)$ e independientes, y según la información de que se disponga verifica:

(a) Si las varianzas poblacionales σ_1^2 y σ_2^2 son conocidas:

$$\overline{X} - \overline{Y} \sim \mathcal{N}\left(\mu_1 - \mu_2, \sqrt{\frac{\sigma_1^2}{n_1} + \frac{\sigma_2^2}{n_2}}\right)$$

$$\frac{(\overline{X} - \overline{Y}) - (\mu_1 - \mu_2)}{\sqrt{\frac{\sigma_1^2}{n_1} + \frac{\sigma_2^2}{n_2}}} \sim \mathcal{N}(0, 1)$$

OBSERVACIÓN 6.4 *En ausencia de la hipótesis de normalidad, y para muestras grandes ($n_1 \geq 30$ y $n_2 \geq 30$), se obtendría el mismo resultado, es este caso aproximado, en virtud del Teorema Central del Límite.*

(b) Si las varianzas poblacionales, σ_1^2 y σ_2^2, son desconocidas, y podemos suponer que iguales:

$$\frac{(\overline{X} - \overline{Y}) - (\mu_1 - \mu_2)}{S_{CONJ} \sqrt{\frac{1}{n_1} + \frac{1}{n_2}}} \sim t_{n_1+n_2-2}$$

$$\text{donde } S_{CONJ} = \sqrt{\frac{(n_1 - 1)S_{c_1}^2 + (n_2 - 1)S_{c_2}^2}{n_1 + n_2 - 2}}$$

OBSERVACIÓN 6.5 *En ausencia de la hipótesis de normalidad, y para muestras grandes ($n_1 \geq 30$ y $n_2 \geq 30$), el estadístico planteado seguiría, aproximadamente, una distribución $\mathcal{N}(0, 1)$.*

(c) Si las varianzas poblacionales, σ_1^2 y σ_2^2, son desconocidas y se pueden suponer distintas:

$$\frac{(\overline{X} - \overline{Y}) - (\mu_1 - \mu_2)}{\sqrt{\dfrac{S_{c_1}^2}{n_1} + \dfrac{S_{c_2}^2}{n_2}}} \sim t_g$$

siendo g el entero más próximo a

$$\frac{(T_1 + T_2)^2}{\dfrac{T_1^2}{n_1 - 1} + \dfrac{T_2^2}{n_2 - 1}} \qquad \text{con} \quad T_i = S_{c_i}^2/n_i$$

OBSERVACIÓN 6.6 *En ausencia de la hipótesis de normalidad, y para muestras grandes ($n_1 \geq 30$ y $n_2 \geq 30$), el estadístico planteado seguiría, aproximadamente, una distribución $\mathcal{N}(0,1)$.*

6.3.6 Distribución F de Snedecor

Definición 6.9 *Sean X_1 y X_2 dos variables aleatorias independientes con distribuciones respectivas $\chi_{\nu_1}^2$ y $\chi_{\nu_2}^2$. La variable definida como*

$$X = \frac{X_1/\nu_1}{X_2/\nu_2}$$

se dice que sigue una distribución $\mathcal{F}$ de Snedecor con ν_1 y ν_2 grados de libertad. Simbólicamente escribiremos $X \sim \mathcal{F}_{\nu_1, \nu_2}$. Su función de densidad viene dada por:

$$f(x) = \left(\frac{\nu_1}{\nu_2}\right)^{\nu_1/2} \frac{\Gamma\left(\dfrac{\nu_1 + \nu_2}{2}\right)}{\Gamma\left(\dfrac{\nu_1}{2}\right)\Gamma\left(\dfrac{\nu_2}{2}\right)} x^{\frac{\nu_1}{2} - 1} \left(1 + \frac{\nu_1}{\nu_2}x\right)^{-\frac{(\nu_1 + \nu_2)}{2}}$$

siendo, $x > 0, \nu_1 > 0, \nu_2 > 0.$

Sus principales características son:

(a) $E[X] = \dfrac{\nu_2}{\nu_2 - 2}$, para $\nu_2 > 2$.

(b) $Var[X] = \dfrac{2\nu_2^2(\nu_1 + \nu_2 - 2)}{\nu_1(\nu_2 - 2)^2(\nu_2 - 4)}$, para $\nu_2 > 4$.

(c) El campo de variabilidad es $(0, \infty)$.

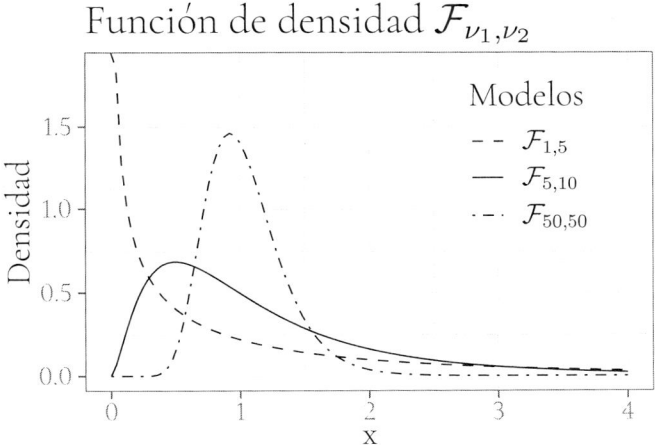

Función de densidad $\mathcal{F}_{\nu_1,\nu_2}$

Figura 6.4: Funciones de densidad de distribuciones $\mathcal{F}$ de Snedecor con diferentes combinaciones de parámetros ν_1 y ν_2.

Curiosidad

George W. Snedecor (1881- 1974) fue quien introdujo la distribución $\mathcal{F}$ alrededor de 1907. Como reconocimiento a las importantes aportaciones de Ronald A. Fisher a la ciencia Estadística, Snedecor denotó a la distribución con la letra $\mathcal{F}$.

6.3.7 Distribución del cociente de varianzas muestrales

Para la estimación del cociente de las varianzas poblacionales usaremos como estimador el cociente de las respectivas cuasivarianzas muestrales, $S_{c_1}^2$ y $S_{c_2}^2$,

que en el caso de muestras de tamaño n_1 y n_2 procedentes de distribuciones $\mathcal{N}(\mu_1, \sigma_1)$ y $\mathcal{N}(\mu_2, \sigma_2)$ e independientes, verifica:

$$\frac{\sigma_1^2}{\sigma_2^2} \cdot \frac{S_{c_2}^2}{S_{c_1}^2} \sim \mathcal{F}_{n_2-1, n_1-1}$$

Capítulo 7

Estimación por intervalos de confianza en una población

Contenidos

7.1.	Introducción. Estimación puntual	161
7.2.	Estimación por intervalos de confianza	163
7.3.	Intervalos de confianza en poblaciones Normales	165
7.4.	Intervalo de confianza para la proporción en una población Bernoulli	175
7.5.	Cálculo del tamaño muestral	179

7.1. Introducción. Estimación puntual

Consideremos una población descrita por la v.a. X cuya función de distribución $F(x; \theta)$ es conocida, desconociéndose únicamente el parámetro θ.

Ccmo ya hemos visto en el tema precedente, para estimar el valor del parámetro θ necesitamos apoyarnos en lo que llamábamos un estimador y en la información proporcionada por la muestra.

Existen diferentes métodos para la obtención de estimadores. Podemos citar, entre ellos, al método analógico, el de los momentos o el de máxima verosimilitud. Nosotros vamos a limitarnos a describir el que se conoce como Método

de los Momentos, debido a Karl Pearson, y que históricamente fue el primero que se utilizó.

7.1.1 Método de los momentos

El método basado en los momentos intuitivamente consiste en establecer la igualdad entre los momentos poblacionales con respecto al origen y los correspondientes momentos muestrales, siendo:

1. $\alpha_k = E\left[X^k\right]$, momento poblacional respecto al origen de orden k

2. $a_k = \dfrac{\displaystyle\sum_{i=1}^{n} X_i^k}{n}$, momento muestral respecto al origen de orden k

Se obtiene así una ecuación, o sistema de ecuaciones, donde figuran los parámetros que queremos estimar como incógnitas. Resolviendo la ecuación, o el sistema, obtenemos las expresiones deseadas.

Ejemplo 7.1.1

Queremos calcular un estimador del parámetro p para una distribución $\mathcal{B}(15, p)$, por el método de los momentos.

Recordemos, que en el caso de la distribución binomial, el momento poblacional respecto al origen de orden 1 es $\alpha_1 = E[X] = np$. En el caso que nos ocupa es $\alpha_1 = E[X] = 15\,p$.

Obtenida una muestra de tamaño n, tras igualar el momento poblacional de orden uno al correspondiente momento muestral, nos quedaría

$$a_1 = \overline{X} = 15\,\widehat{p}$$

de donde obtenemos $\widehat{p} = \dfrac{\overline{X}}{15}$.

En este caso ha sido necesario utilizar una única ecuación, debido a que la población de origen dependía de un solo parámetro desconocido.

Ejemplo 7.1.2 ✎

Consideremos una población $\mathcal{N}(\mu, \sigma)$ donde ambos parámetros son desconocidos. Obtengamos un estimador por el método de los momentos para μ y σ^2.

Recordemos, que en el caso de la distribución normal, los momentos poblacionales respecto al origen de orden 1 y 2 son $\alpha_1 = E[X] = \mu$ y $\alpha_2 = E[X^2] = \sigma^2 + \mu^2$.

Obtenida una muestra de tamaño n, igualemos los momentos poblacionales y muestrales de orden uno y dos:

$$\left. \begin{array}{l} a_1 = \overline{X} = \widehat{\mu} \\[2mm] a_2 = \dfrac{\sum\limits_{i=1}^{n} X_i^2}{n} = \widehat{\sigma}^2 + \widehat{\mu}^2 \end{array} \right\} \Rightarrow \left. \begin{array}{l} \widehat{\mu} = \overline{X} \\[2mm] \widehat{\sigma}^2 = \dfrac{\sum\limits_{i=1}^{n} X_i^2}{n} - \overline{X}^2 = S^2 \end{array} \right\}$$

7.2. Estimación por intervalos de confianza

7.2.1 Concepto de intervalo de confianza

Los estimadores puntuales nos permitían asignar valores a los parámetros desconocidos de una determinada distribución. No obstante, rara vez coincidirá esta estimación puntual con el verdadero valor del parámetro, y tampoco se proporciona idea alguna sobre la precisión de la estimación realizada.

Parece más interesante proporcionar un intervalo de forma que el verdadero, y desconocido, valor del parámetro se encuentre contenido en él, con una alta probabilidad.

Ejemplo 7.2.1

Supongamos que queremos estimar la edad media de los reclusos de cierto país. Tomada un m.a.s. de tamaño n, es mucho más deseable concluir afir-

mando que la media poblacional se encuentra entre $\overline{X} - 1.5$ y $\overline{X} + 1.5$, con probabilidad 0.99, que diciendo que la edad media de la población es el valor proporcionado por $\overline{X}$, sin hacer ninguna referencia a la precisión de la citada estimación.

Un intervalo de confianza será, por tanto, un intervalo dentro del cual esperamos encontrar el valor del parámetro desconocido con un alto grado de confianza medible, es decir, expresable numéricamente. Esta idea expresada más formalmente quedaría así:

Definición 7.1 *Sea $X_1, X_2, ..., X_n$ una m.a.s. de una v.a. X cuya distribución depende de un parámetro θ. Se llama intervalo de confianza para θ, con nivel de confianza $1 - \alpha$ o al $(1 - \alpha)100\,\%$, al intervalo*

$$IC_{1-\alpha}(\theta) = [\underline{\theta}(X_1, X_2, ..., X_n), \overline{\theta}(X_1, X_2, ..., X_n)]$$

$$P\left(\underline{\theta}(X_1, X_2, ..., X_n) \leq \theta \leq \overline{\theta}(X_1, X_2, ..., X_n)\right) = 1 - \alpha$$

De forma simplificada escribiremos:

$$IC_{1-\alpha}(\theta) = [\underline{\theta}, \overline{\theta}]$$

Los extremos de los intervalos de confianza son variables aleatorias, pero para una muestra concreta, y una vez obtenido el correspondiente intervalo, éste ya no es de extremos aleatorios. No tiene sentido, por tanto, decir que contiene a θ con probabilidad $1 - \alpha$. Hablaremos, por ello, de confianza en el sentido siguiente: el $(1 - \alpha)100\,\%$ de todos los posibles intervalos que pudiéramos haber obtenido, a partir de todas las muestras posibles, contendrían al parámetro desconocido. Por tanto, si $(1 - \alpha)100\,\%$ es un valor alto, por ejemplo $95\,\%$, lo esperado es que nuestro intervalo, obtenido a partir de la muestra, contenga al parámetro.

OBSERVACIÓN 7.1

(a) *La longitud del intervalo se obtiene como $L = \overline{\theta} - \underline{\theta}$ y su mitad, que se representa por ε, se conoce como error máximo de estimación.*

(b) *Un intervalo será más preciso cuanto menor sea su longitud, y por tanto, ε.*

(c) *El nivel de confianza es un valor que suele ser fijado por el experimentador, y que interesa que sea cercano a 1. Sin embargo, mayor grado de confianza puede suponer menor precisión de la estimación (mayor longitud del intervalo).*

(d) *La notación más utilizada en la expresión de los intervalos separa ambos extremos mediante una coma. En el presente texto, y para evitar confusiones cuando intervengan números decimales, utilizaremos punto y coma como separador.*

7.2.2   Método del pivote

Es uno de los métodos más utilizados para construir intervalos de confianza. Consta de los siguientes pasos:

(a) Buscamos un estadístico $T(X_1, X_2, ..., X_n; \theta)$, que dependa únicamente de la muestra y del parámetro desconocido, llamado *estadístico pivote*, del que conozcamos su distribución.

(b) Entonces podemos calcular a y b tal que

$$P(a \leq T \leq b) = 1 - \alpha$$

(c) Despejando θ (ya que T depende de θ), es posible encontrar dos funciones $\underline{\theta}$ y $\overline{\theta}$ tales que

$$P(\underline{\theta} \leq \theta \leq \overline{\theta}) = 1 - \alpha$$

Algunos ejemplos de este método se estudiarán en la secciones siguientes.

7.3.   Intervalos de confianza en poblaciones Normales

A continuación se obtendrán intervalos de confianza bajo la hipótesis de que la variable de interés sigue una distribución Normal.

Consideremos una población descrita por la variable aleatoria $X \sim \mathcal{N}(\mu, \sigma)$ y sea $(X_1, X_2, \ldots, X_n)$ una m.a.s. extraída de dicha población.

7.3.1 Intervalos para la media

Varianza poblacional, σ^2, conocida

(a) El estadístico pivote será

$$T\left(X_1, X_2, \ldots, X_n; \mu\right) = \frac{\overline{X} - \mu}{\sigma}\sqrt{n} \sim \mathcal{N}\left(0, 1\right)$$

(b) Construimos un intervalo para dicho estadístico con nivel de confianza $1 - \alpha$. Por tanto, queremos encontrar unos valores a y b verificando:

$$P\left(a \leq \frac{\overline{X} - \mu}{\sigma}\sqrt{n} \leq b\right) = 1 - \alpha \tag{7.1}$$

Utilizando el hecho de que el estadístico pivote sigue una distribución $\mathcal{N}(0, 1)$,

$$P\left(-z_{1-\alpha/2} \leq \frac{\overline{X} - \mu}{\sigma}\sqrt{n} \leq z_{1-\alpha/2}\right) = 1 - \alpha \tag{7.2}$$

siendo $z_{1-\alpha/2}$ el punto crítico de una $\mathcal{N}(0, 1)$, que verifica que

$$P\left(Z \leq z_{1-\alpha/2}\right) = 1 - \alpha/2.$$

Entre los infinitos valores de a y de b que verifican la expresión 7.1, se han elegido $a = -z_{1-\alpha/2}$ y $b = z_{1-\alpha/2}$ que son los que garantizan que el intervalo resultante tenga la menor longitud posible. Este criterio es el que se seguirá en el presente manual.

(c) Despejando el parámetro μ

$$P\left(\overline{X} - z_{1-\alpha/2}\frac{\sigma}{\sqrt{n}} \leq \mu \leq \overline{X} + z_{1-\alpha/2}\frac{\sigma}{\sqrt{n}}\right) = 1 - \alpha$$

Luego el intervalo de confianza para la media, siendo σ^2 conocida, será:

$$IC_{1-\alpha}(\mu) = \left[\overline{X} - z_{1-\alpha/2}\frac{\sigma}{\sqrt{n}}, \, \overline{X} + z_{1-\alpha/2}\frac{\sigma}{\sqrt{n}}\right].$$

Densidad entre puntos críticos

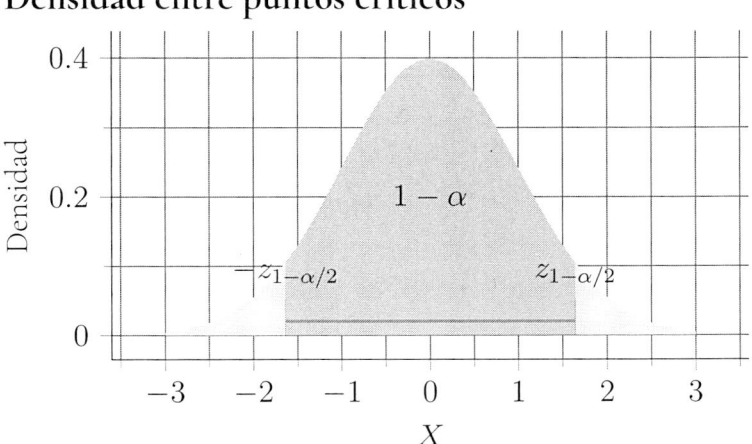

Figura 7.1: Representación gráfica de la ecuación 7.2

OBSERVACIÓN 7.2 *La longitud de este intervalo es* $L = 2z_{1-\alpha/2}\dfrac{\sigma}{\sqrt{n}}$. *Como podemos ver, depende de la desviación típica poblacional, σ, el tamaño de la muestra, n y del valor de α:*

(a) *Cuanto mayor sea la desviación típica poblacional mayor longitud tendrá el intervalo. Se debe a que, cuanto más dispersa es la distribución de la población alrededor de su media, más incierta será nuestra inferencia sobre la media. Esto se traduce en unos intervalos de confianza de mayor longitud.*

(b) *Cuanto mayor sea el tamaño de la muestra menor será la amplitud del intervalo. El motivo es que, a mayor información sobre la población, mayor precisión tendrá nuestra inferencia, y ello se traduce en intervalos más cortos.*

(c) *Cuanto mayor sea el nivel de confianza, mayor será la longitud del intervalo. Ello se debe a que, un mayor nivel de confianza hace que el valor de $z_{1-\alpha/2}$ sea mayor.*

Ejemplo 7.3.1

Recordemos que en el ejemplo 6.1.1 se hablaba de que se estaba desarrollando un test que permitía, en base a las puntuaciones obtenidas, predecir
el comportamiento delictivo en adolescentes. Supongamos que $X=$ "puntuación obtenida en el test" $\sim \mathcal{N}(\mu, 10)$. A partir de una m.a.s. formada
por 36 jóvenes a los que se sometió al test se obtuvo:

87.7	70.6	66.0	80.5	77.9	82.7	88.2	98.7	89.4
67.2	64.7	73.2	83.1	78.2	80.7	63.9	75.3	64.4
87.9	63.3	76.7	59.8	84.2	69.9	83.2	61.4	76.2
63.8	68.8	93.9	60.1	78.5	78.2	93.6	88.3	78.8

Calcularemos un intervalo para la puntuación media poblacional, μ,
con un nivel de confianza $1 - \alpha = 0.95$.

Como σ es conocida,

$$IC_{1-\alpha}(\mu) = \left[\overline{X} - z_{1-\alpha/2} \frac{\sigma}{\sqrt{n}} \, , \, \overline{X} + z_{1-\alpha/2} \frac{\sigma}{\sqrt{n}} \right],$$

y, sustituyendo $\overline{x} = 76.64$ puntos, obtenida a partir de la muestra anterior, así como $z_{1-\alpha/2} = z_{0.975} = 1.96$, obtenemos

$$IC_{0.95}(\mu) = \left[76.64 - 1.96 \cdot \frac{10}{\sqrt{36}} \, , \, 76.64 + 1.96 \cdot \frac{10}{\sqrt{36}} \right]$$

$$= [73.3733 \, , \, 79.9067]$$

Varianza poblacional, σ^2, desconocida

(a) El estadístico pivote será

$$T(X_1, X_2, \ldots, X_n; \mu) = \frac{\overline{X} - \mu}{S_c} \sqrt{n} \sim t_{n-1}$$

(b) Para un nivel de confianza $1 - \alpha$, construimos un intervalo para dicho estadístico

$$P\left(-t_{n-1;1-\alpha/2} \leq \frac{\overline{X} - \mu}{S_c}\sqrt{n} \leq t_{n-1;1-\alpha/2}\right) = 1 - \alpha$$

donde $t_{n-1;1-\alpha/2}$ es el punto crítico de la distribución t de Student con n-1 grados de libertad, es decir $P\left(t_{n-1} \leq t_{n-1;1-\alpha/2}\right) = 1 - \alpha/2$.

(c) Despejando el parámetro μ

$$P\left(\overline{X} - t_{n-1;1-\alpha/2}\frac{S_c}{\sqrt{n}} \leq \mu \leq \overline{X} + t_{n-1;1-\alpha/2}\frac{S_c}{\sqrt{n}}\right) = 1 - \alpha$$

Luego el intervalo de confianza para la media, con σ^2 desconocida, será:

$$IC_{1-\alpha}(\mu) = \left[\overline{X} - t_{n-1;1-\alpha/2}\frac{S_c}{\sqrt{n}}\,,\ \overline{X} + t_{n-1;1-\alpha/2}\frac{S_c}{\sqrt{n}}\right].$$

Ejemplo 7.3.2

Supongamos que en el ejemplo 7.3.1 la desviación típica poblacional, σ, fuese desconocida, es decir, X= "puntuación obtenida en el test" $\sim \mathcal{N}(\mu, \sigma)$. Se toma una m.a.s. de 36 puntuaciones:

87.7	70.6	66.0	80.5	77.9	82.7	88.2	98.7	89.4
67.2	64.7	73.2	83.1	78.2	80.7	63.9	75.3	64.4
87.9	63.3	76.7	59.8	84.2	69.9	83.2	61.4	76.2
63.8	68.8	93.9	60.1	78.5	78.2	93.6	88.3	78.8

Calcularemos un intervalo para la puntuación media poblacional, μ, con un nivel de confianza $1 - \alpha = 0.90$.

Como σ es desconocida,

$$IC_{1-\alpha}(\mu) = \left[\overline{X} - t_{n-1;1-\alpha/2}\frac{S_c}{\sqrt{n}}\,,\ \overline{X} + t_{n-1;1-\alpha/2}\frac{S_c}{\sqrt{n}}\right].$$

Sustituyendo la información muestral obtenida a partir de la muestra anterior, $\overline{x} = 76.64$ puntos y $s_c = 10.59$ puntos, así como $t_{n-1;1-\alpha/2} =$

$t_{35;0.95} = 1.69$, obtenemos

$$IC_{0.90}(\mu) = \left[76.64 - 1.69 \cdot \frac{10.59}{\sqrt{36}}, \; 76.64 + 1.69 \cdot \frac{10.59}{\sqrt{36}}\right] =$$

$$= [76.64 - 1.69 \cdot 1.765, \; 76.64 + 1.69 \cdot 1.765] = [73.66, \; 79.62].$$

El anterior intervalo puede calcularse directamente con R commander una vez introducidos los datos. Basta pulsar los menús Estadísticos → Medias → Test t para una muestra..., y poner en la casilla del nivel de confianza 0.90. Las opciones relativas a Hipótesis alternativa e Hipótesis Nula no hay que cambiarlas si solo queremos obtener el intervalo de confianza.

En este caso obtendremos del programa el siguiente resultado

```
> t.test(datos$x, conf.level=0.9)

        One Sample t-test

data:   x
t = 43.424, df = 35, p-value < 2.2e-16
alternative hypothesis: true mean is not equal to 0
90 percent confidence interval:
 73.65695 79.62083
sample estimates:
mean of x
 76.63889
```

Obtenemos el $IC_{0.90}(\mu) = [73.65695, \; 79.62083]$.

Población no necesariamente Normal, y muestra con $n \geq 30$

En este caso, teniendo en cuenta lo expresado en la observación 6.3 el intervalo aproximado para la media poblacional será:

$$IC_{1-\alpha}(\mu) = \left[\overline{X} - z_{1-\alpha/2}\frac{S_c}{\sqrt{n}}, \; \overline{X} + z_{1-\alpha/2}\frac{S_c}{\sqrt{n}}\right]$$

Ejemplo 7.3.3 ✎

En el artículo "Fear of Crime Among Korean Americans in Chicago communities" [LU00] se analiza el temor ante el delito entre los ciudadanos estadounidenses de origen coreano que viven en Chicago. Para valorarlo los investigadores idearon una medida cuyos valores se encontraban entre 11 y 110. La puntuación media obtenida para una muestra de 721 ciudadanos fue de 81.05 con una cuasidesviación típica de 23.43. Teniendo en cuenta que no sabemos si la población sigue o no una distribución Normal y como $n = 721 \geq 30$, el intervalo de confianza adecuado para la puntuación media de la población con un nivel de confianza $1 - \alpha = 0.99$ sería:

$$IC_{1-\alpha}(\mu) = \left[\overline{X} - z_{1-\alpha/2} \frac{S_c}{\sqrt{n}} \, , \, \overline{X} + z_{1-\alpha/2} \frac{S_c}{\sqrt{n}} \right],$$

y, tras sustituir convenientemente la información muestral obtenida, así como $z_{1-\alpha/2} = z_{0.995} = 2.58$, obtenemos

$$IC_{0.99}(\mu) = \left[81.05 - 2.58 \cdot \frac{23.43}{\sqrt{721}} \, , \, 81.05 - 2.58 \cdot \frac{23.43}{\sqrt{721}} \right] =$$

$$= [81.05 - 2.25 \, , \, 81.05 + 2.25] = [78.80 \, , \, 83.30] \, .$$

A la vista del intervalo podemos concluir, con una confianza del 99 %, que la media de la puntuación que valora el temor ante el delito en la población considerada se encuentra entre 78.80 y 83.30.

Una vez calculado un intervalo es muy importante interpretarlo de manera adecuada y no atribuirle propiedades equivocadas [1]. Centrándonos en el ejemplo anterior, dos interpretaciones erróneas que no deberían aparecer en los informes criminológicos son:

- *La media verdadera que valora el temor ante el delito en la población está entre*

---

[1]Existe un debate filosófico sobre si llamar al intervalo de confianza, intervalo de incertidumbre, de manera que el propio nombre genere menos confusión. Para más información ver `https://statmodeling.stat.columbia.edu/2010/12/21/lets_say_uncert/`

las puntuaciones 78.80 *y* 83.30 *con un 99 % de probabilidad.*

Esta frase es errónea porque el intervalo no asigna probabilidades a la media verdadera (media de la población). Simplemente es una estimación de los posibles valores de la media poblacional. Si cambiamos la muestra, podrán cambiar los extremos del intervalo. El error proviene de identificar el cálculo del intervalo con la teoría matemática que subyace en su construcción.

- *Si tomamos diferentes muestras, y calculamos el promedio de sus medias, dicho promedio estará entre las puntuaciones* 78.80 *y* 83.30 *en el 99 % de las veces.*

Esta frase es errónea, de nuevo, porque cada vez que cambiemos la muestra podría cambiar el intervalo. El error proviene de identificar el promedio de variables estadísticas que se utiliza en la técnica con el promedio de muestras diferentes.

7.3.2 Intervalo de confianza para la varianza

Media poblacional, μ, desconocida

En este caso los pasos a seguir son:

(a) Estadístico pivote

$$T\left(X_1, X_2, \ldots, X_n; \sigma^2\right) = \frac{(n-1)S_c^2}{\sigma^2} \sim \chi_{n-1}^2$$

(b) Para un nivel de confianza 1-α, construimos un intervalo para dicho estadístico

$$P\left(\chi_{n-1;\alpha/2}^2 \leq \frac{(n-1)S_c^2}{\sigma^2} \leq \chi_{n-1;1-\alpha/2}^2\right) = 1 - \alpha$$

siendo $\chi_{n-1;\alpha/2}^2$ y $\chi_{n-1;1-\alpha/2}^2$ los puntos críticos de una χ_{n-1}^2, que verifican, respectivamente, que

$$P\left(\chi_{n-1}^2 \leq \chi_{n-1;\alpha/2}^2\right) = \alpha/2 \text{ y } P\left(\chi_{n-1}^2 \leq \chi_{n-1;1-\alpha/2}^2\right) = 1 - \alpha/2$$

(c) Despejando el parámetro σ^2

$$P\left(\frac{(n-1)S_c^2}{\chi_{n-1;1-\alpha/2}^2} \leq \sigma^2 \leq \frac{(n-1)S_c^2}{\chi_{n-1;\alpha/2}^2}\right) = 1 - \alpha$$

Luego el intervalo de confianza para la varianza será:

$$IC_{1-\alpha}(\sigma^2) = \left[\frac{(n-1)S_c^2}{\chi_{n-1;1-\alpha/2}^2}, \frac{(n-1)S_c^2}{\chi_{n-1;\alpha/2}^2}\right]$$

En caso de que queramos obtener el intervalo de confianza para la desviación típica, basta con calcular la raíz cuadrada a cada uno de los extremos del intervalo $IC_{1-\alpha}(\sigma^2)$.

Ejemplo 7.3.4

Utilizando el enunciado y los datos proporcionados en el ejemplo 7.3.2 vamos a calcular un intervalo para la varianza poblacional, σ^2, con un nivel de confianza $1 - \alpha = 0.95$. Como μ es desconocida, el intervalo es

$$IC_{1-\alpha}(\sigma^2) = \left[\frac{(n-1)S_c^2}{\chi_{n-1;1-\alpha/2}^2}, \frac{(n-1)S_c^2}{\chi_{n-1;\alpha/2}^2}\right]$$

Sustituyendo el valor de la cuasidesviación, $s_c = 10.59$, obtenida a partir de la muestra, y $\chi_{n-1;\alpha/2}^2 = \chi_{35;0.025}^2 = 20.57$ y $\chi_{n-1;1-\alpha/2}^2 = \chi_{35;0.975}^2 = 53.20$, obtenemos

$$IC_{0.95}(\sigma^2) = \left[\frac{35 \cdot 10.59^2}{\chi_{35;0.975}^2}, \frac{35 \cdot 10.59^2}{\chi_{35;0.025}^2}\right]$$

$$= \left[\frac{3\,925.1835}{53.20}, \frac{3\,925.1835}{20.57}\right] = [73.78\,, 190.82]$$

Para calcular el intervalo de la varianza poblacional con R commander para la muestra considerada, pulsaremos en los menús

Estadísticos $\rightarrow$ Varianzas $\rightarrow$ Test de varianza para una muestra..

En la ventana emergente cambiaremos únicamente el nivel de confianza si lo único que queremos es obtener el intervalo. En este caso, el programa tiene de forma predefinida el valor 0.95. Se obtiene como resultado:

```
> sigma.test(datos$x)

    One sample Chi-squared test for variance

data:   datos$x
X-squared = 3924.8, df = 35, p-value < 2.2e-16
alternative hypothesis: true variance is not equal to 1
95 percent confidence interval:
   73.76915 190.80625
sample estimates:
var of datos$x
        112.1362
```

Por tanto $IC_{0.95}(\sigma^2) = [73.76915\,,\,190.80625]$.

Media poblacional, μ, conocida

En el caso de que la media poblacional, μ, sea conocida el estadístico pivote que debe usarse será:

$$T\left(X_1, X_2, \ldots, X_n;\, \sigma^2\right) = \frac{\displaystyle\sum_{i=1}^{n}(X_i - \mu)^2}{\sigma^2} \sim \chi_n^2$$

Razonando de forma similar al caso en el que μ es conocida, el intervalo quedaría:

$$IC_{1-\alpha}(\sigma^2) = \left[\frac{\displaystyle\sum_{i=1}^{n}(X_i - \mu)^2}{\chi_{n;1-\alpha/2}^2}\,,\,\frac{\displaystyle\sum_{i=1}^{n}(X_i - \mu)^2}{\chi_{n;\alpha/2}^2}\right]$$

7.4. Intervalo de confianza para la proporción en una población Bernoulli

El siguiente intervalo es asintótico en el sentido de que la distribución del estadístico la obtendremos pasando al límite y por tanto necesitaremos tamaño de muestra suficientemente grande.

Sea una población descrita por la variable aleatoria $X \sim \mathcal{B}e(p) \equiv \mathcal{B}(1, p)$ y consideremos $(X_1, X_2, \ldots, X_n)$ una m.a.s. extraída de dicha población.

(a) Sabemos que el estimador proporción muestral de éxitos dado por la expresión,

$$\widehat{p} = \overline{p} = \frac{\text{nº de éxitos en la muestra}}{n}$$

en virtud de la observación 6.3, verifica que

$$\frac{\overline{p} - p}{\sqrt{\dfrac{\overline{p}\,(1 - \overline{p})}{n}}} \sim \mathcal{N}(0, 1) \text{ cuando n} \to \infty$$

y usamos como estadístico pivote:

$$T(X_1, X_2, \ldots, X_n; p) = \frac{\overline{p} - p}{\sqrt{\dfrac{\overline{p}\,(1 - \overline{p})}{n}}} \sim \mathcal{N}(0, 1)$$

(b) Construimos un intervalo con nivel de confianza $1 - \alpha$ utilizando el hecho de que el estadístico pivote sigue una distribución $\mathcal{N}(0, 1)$.

$$P\left(-z_{1-\alpha/2} \leq \frac{\overline{p} - p}{\sqrt{\dfrac{\overline{p}\,(1 - \overline{p})}{n}}} \leq z_{1-\alpha/2}\right) = 1 - \alpha$$

(c) Despejando p obtenemos

$$IC_{1-\alpha}(p) = \left[\overline{p} - z_{1-\alpha/2} \cdot \sqrt{\frac{\overline{p}\,(1 - \overline{p})}{n}}\, , \, \overline{p} + z_{1-\alpha/2} \cdot \sqrt{\frac{\overline{p}\,(1 - \overline{p})}{n}}\right]$$

OBSERVACIÓN 7.3 *En la práctica, para obtener una buena aproximación suele usarse como criterio que $n \geq 30$.*

Ejemplo 7.4.1

Supongamos que tenemos que evaluar un nuevo programa educativo que se ha implantado en las prisiones de cierto país. La fundación que patrocina el citado programa tiene el objetivo de que sea exitoso en el 65 % de la población reclusa matriculada, considerando éxito el hecho de que se complete un curso de seis meses de duración del citado programa. Se decide tomar una muestra aleatoria simple de tamaño 36, de la que se obtuvo:

EX	FR	EX	EX	EX	EX	EX	FR	FR
EX	FR	FR	EX	EX	EX	EX	EX	EX
EX	EX	EX	EX	EX	EX	EX	EX	EX
EX	FR	FR	EX	EX	EX	EX	EX	EX

donde EX representa éxito y FR fracaso. En nuestro caso son 29 reclusos los que completaron satisfactoriamente el curso (29 éxitos). Queremos calcular un intervalo al 95 % de confianza para la proporción de reclusos que superaron el programa con éxito.

En este caso tenemos $X \sim \mathcal{B}e(p) \equiv \mathcal{B}(1, p)$, donde p representa la proporción de reclusos que completan con éxito el programa educativo. Con la información muestral obtenemos

$$\widehat{p} = \overline{p} = \frac{n^o \text{ de éxitos en la muestra}}{n} = \frac{29}{36} \approx 0.80$$

Un intervalo de confianza para p al 95 % de confianza es:

$$IC_{1-\alpha}(p) = \left[\overline{p} - z_{1-\alpha/2} \cdot \sqrt{\frac{\overline{p}(1-\overline{p})}{n}}, \ \overline{p} + z_{1-\alpha/2} \cdot \sqrt{\frac{\overline{p}(1-\overline{p})}{n}} \right],$$

donde, tras sustituir los valores muestrales y $z_{1-\alpha/2} = z_{0.975} = 1.96$ ob-

Intervalo de confianza para la proporción en una población Bernoulli

tenemos

$$IC_{0.95}(p) = \left[0.80 - 1.96 \cdot \sqrt{\frac{0.80 \cdot 0.20}{36}}\,,\, 0.80 + 1.96 \cdot \sqrt{\frac{0.80 \cdot 0.20}{36}}\right]$$

$$= [0.80 - 0.1306\,,\, 0.80 + 0.1306] = [0.6694\,,\, 0.9306]$$

Podemos afirmar, con una confianza del 95 %, que la proporción poblacional de reclusos que completan con éxito el programa educativo es superior al 65 %.

Para resolver el ejercicio con el programa podemos usar dos opciones, mediante R commander o directamente ejecutando instrucciones de R.

Si quisiéramos realizar este ejercicio en R commander introducimos los valores de la forma habitual. Tendremos que tener especial cuidado con los nombres utilizados para los niveles del factor (valores de la variable cualitativa) que estamos analizando ya que R commander los ordena alfabéticamente. Si calculáramos un intervalo de la proporción con estos niveles, estaríamos calculando la proporción de EX en la muestra (E va antes de la F).

Si pulsamos en el menú Estadísticos → Proporciones → Test de proporciones para una muestra... aparecerá una nueva ventana con dos pestañas; en la primera elegimos la variable en la cual están los datos; en la segunda pestaña elegiremos Aproximación Normal en el Tipo de prueba, y 0.95 en el Nivel de confianza. Las demás opciones no se tocan, ya que únicamente queremos obtener un intervalo de confianza.

Para resolver el problema mediante instrucciones directas nos basta con conocer el número de éxitos en nuestra muestra (29) y el número total de datos (36). Utilizaremos entonces la instrucción

```
prop.test(29, 36, conf.level = 0.95, correct = FALSE)
```

Para ambas resoluciones obtenemos el siguiente resultado

```
1-sample proportions test without continuity correction

data:  29 out of 36, null probability 0.5
```

MANUALES
MATEMÁTICAS
Y FÍSICA

```
X-squared = 13.444, df = 1, p-value = 0.0002457
alternative hypothesis: true p is not equal to 0.5
95 percent confidence interval:
 0.6497196 0.9024690
sample estimates:
        p
0.8055556
```

El intervalo resultante es $IC_{0.95}(p) = [0.6497\,,\,0.9025]$, aproximadamente. Obsérvese la diferencia con el intervalo calculado a mano. Esto se debe a
que el programa utiliza el método de puntaciones de Wilson (ver [Wil27]).

Ejemplo 7.4.2

En el estudio a cerca del temor al delito "Fear of Crime Among Korean
Americans in Chicago communities" [LU00] que se menciona en el ejemplo 9.3.3, los investigadores preguntaron a los encuestados si habían sufrido
algún tipo de victimización en los tres años anteriores al momento de la
encuesta (la pregunta incluía tanto delitos violentos como delitos sobre la
propiedad). De los 721 encuestados, un $27\,\%$ respondieron que habían sufrido algún tipo de delito en el periodo de tiempo indicado. Conocida la
proporción muestral $\overline{p} = 0.27$, teniendo en cuenta que el tamaño muestral $n \geq 30$, y con un nivel de confianza $1 - \alpha = 0.95$, un intervalo
aproximado para la proporción poblacional p sería:

$$IC_{0.95}(p) = \left[0.27 - 1.96 \cdot \sqrt{\frac{0.27 \cdot 0.73}{721}}\,,\, 0.27 + 1.96 \cdot \sqrt{\frac{0.27 \cdot 0.73}{721}}\right]$$

$$= [0.27 - 0.0324\,,\, 0.27 + 0.0324] = [0.2376\,,\, 0.3024]$$

A la vista del intervalo podemos concluir, con una confianza del $95\,\%$
que, entre el $23.76\,\%$ y el $30.24\,\%$ de los ciudadanos estadounidenses de

origen coreano que viven en Chicago sufrieron algún tipo de delito en los tres años anteriores a la encuesta.

Si quisiéramos resolver este ejercicio utilizando el programa necesitamos conocer el número de éxitos en nuestra muestra y el número total de datos que tenemos. En nuestro caso tenemos un total de $n = 721$ encuestados y de estos el 27 % fueron éxitos, es decir, sufrieron algún tipo de delito. Calculamos el número de éxitos como

$$\bar{p} \cdot n = 0.27 \cdot 721 = 194.67$$

Utilizando la siguiente instrucción,
`prop.test(194.67, 721, conf.level=0.95, correct=FALSE)`
obtenemos como resultado:

```
1-sample proportions test without continuity correction

data:  194.67 out of 721, null probability 0.5
X-squared = 152.56, df = 1, p-value < 2.2e-16
alternative hypothesis: true p is not equal to 0.5
95 percent confidence interval:
 0.2388761 0.3035618
sample estimates:
   p
0.27
```

El intervalo obtenido $IC_{0.95}(p) = [0.2388\,,\, 0.3035]$ es similar al obtenido anteriormente. De nuevo la aproximación utilizada por esta instrucción hace que varíen las últimas cifras decimales.

7.5. Cálculo del tamaño muestral

Una de las preguntas importantes que los investigadores hacen a los estadísticos es ¿cuál es el número de datos que se necesitan para poder estimar un parámetro determinado con la precisión y el grado de confianza deseados?

Como se ha visto anteriormente, se sabe que, en general, cuanto mayor sea

el tamaño de la muestra más información se posee de la población. Sin embargo obtener más datos tiene un coste monetario y también conlleva más tiempo su recolección. Además, la información aportada por cada dato adicional decrece a medida que el tamaño muestral crece.

A continuación vamos a estudiar diferentes formulas para el cálculo del tamaño muestral requerido, dependiendo del parámetro de interés.

7.5.1 Estimación de la media poblacional

Hemos visto que, si queremos ser rigurosos, una estimación puntual debe ir acompañada de un intervalo de confianza. Cuando decimos que un intervalo para la media poblacional, con σ conocida y calculado con un nivel de confianza $(1 - \alpha)$ es

$$IC_{1-\alpha}(\mu) = \left[\overline{x} - z_{1-\frac{\alpha}{2}} \cdot \frac{\sigma}{\sqrt{n}} \, , \, \overline{x} + z_{1-\frac{\alpha}{2}} \cdot \frac{\sigma}{\sqrt{n}} \right]$$

estamos admitiendo un error máximo de estimación

$$\varepsilon = z_{1-\alpha/2} \cdot \frac{\sigma}{\sqrt{n}}$$

que depende del nivel de confianza $1 - \alpha$, la variabilidad de la variable de interés, σ y del número de individuos estudiados, n.

Fijados inicialmente un error máximo ε y un nivel de confianza $1 - \alpha$, podemos deducir el tamaño de la muestra necesario para ello, simplemente despejando de la anterior fórmula

$$n = z^2_{1-\alpha/2} \cdot \frac{\sigma^2}{\varepsilon^2}.$$

Por ejemplo, si fijamos un nivel de confianza del 95 %, un error $\varepsilon = 1$ y sabemos que $\sigma = 2$, entonces

$$n = z^2_{0.975} \cdot \frac{2^2}{1^2} = 1.96^2 \cdot 4 \approx 15.3664.$$

Tomaremos como valor de n siempre la aproximación por exceso, en este caso, $n = 16$ observaciones.

Así pues, en el caso que estamos tratando, excepto el valor de σ, todo lo demás lo fija el investigador.

Ejemplo 7.5.1 ✎ 💾

Un nuevo dispositivo instalado en los juzgados pretende estimar, de forma voluntaria, la tensión arterial diastólica media (TAD) de los imputados por delito con agresión de arma blanca. Por estudios anteriores se sabe que la desviación típica de TAD en los culpables del delito es 25 mmHg. Se quiere realizar la estimación con una confianza del 95 % y una precisión de ±5 mmHg.

$$n = z_{0.975}^2 \cdot \frac{25^2}{5^2} \approx 1.96^2 \cdot \frac{25^2}{5^2} = 96.04$$

así es que tomaremos como valor $n = 97$ observaciones.

Para resolver este problema con el programa podemos utilizar una función de la librería **samplingbook**. Para esto debemos tener instalada previamente esta librería y cargarla antes de resolver el problema. Una vez hecho esto, podemos utilizar la instrucción

`sample.size.mean(e = 5, S = 25, level = 0.95)`

donde e indica la precisión requerida y S la estimación puntual conseguida para la desviación típica poblacional.

Obtendremos como resultado

```
sample.size.mean object: Sample size for mean estimate
   Without finite population correction:
N=Inf, precision e=5 and standard deviation S=25

Sample size needed: 97
```

El programa nos devuelve directamente la aproximación por exceso que buscamos. El tamaño muestral requerido para nuestro estudio es de $n = 97$ imputados.

OBSERVACIÓN 7.4 *En caso de que el valor de σ sea desconocido, suelen adoptarse diferentes criterios. Puede tomarse su valor de algún estudio anterior y referencias bibliográficas existentes, estimarlo a través de una muestra piloto (muestra pequeña) o incluso puede tomarse como valor aproximado la cuarta parte del rango de la variable.*

7.5.2 Estimación de la proporción de una Bernoulli

Cuando el parámetro que queremos estimar es la proporción de una Bernoulli, hemos visto que un intervalo aproximado viene dado por la expresión

$$IC_{1-\alpha}(p) = \left[\overline{p} - z_{1-\alpha/2} \cdot \sqrt{\frac{\overline{p}(1-\overline{p})}{n}}, \; \overline{p} + z_{1-\alpha/2} \cdot \sqrt{\frac{\overline{p}(1-\overline{p})}{n}} \right]$$

En este caso, el error máximo al estimar la proporción poblacional p es

$$\varepsilon = z_{1-\alpha/2} \cdot \sqrt{\frac{\overline{p}(1-\overline{p})}{n}}$$

que depende del nivel de confianza, $1-\alpha$, la variabilidad muestral, $\overline{p}(1-\overline{p})$, y del número de individuos estudiados, n. Despejando n en la expresión anterior tenemos

$$n = z_{1-\alpha/2}^2 \cdot \frac{\overline{p}(1-\overline{p})}{\varepsilon^2}$$

OBSERVACIÓN 7.5 *En la fórmula anterior debemos conocer el valor de la proporción muestral, $\overline{p}$. Sin embargo, aún no hemos hecho el estudio. Entonces, ¿cómo debemos proceder?*

Podemos obtener el citado valor basándonos en estudios y bibliografía anterior, obtenerlo a partir de una muestra piloto (muestra pequeña) o, en último caso, si se desconoce cualquier información sobre p, considerar $\overline{p} = 0.5$ que proporciona la mayor variabilidad.

Por ejemplo, al 95 % de confianza, $\varepsilon = 0.05$ y sin más información sobre $\overline{p}$, haremos

$$n = z_{0.975}^2 \cdot \frac{\overline{p}(1-\overline{p})}{\varepsilon^2} \approx 1.96^2 \cdot \frac{0.5(1-0.5)}{0.05^2} = 384.16,$$

y tomaremos como valor $n = 385$ observaciones.

Ejemplo 7.5.2 ✎ 🖥

Un estudio pretende estimar el porcentaje de reclusos que consumen estupefacientes dentro de cierto centro penitenciario. A partir de datos previos, se estima que debe estar situado alrededor del 40 % ($\overline{p} = 0.40$). Se quiere realizar una estimación con una precisión de $\pm 4\%$ ($\varepsilon = 0.04$) y una confianza del 95 %. ¿Cuántos sujetos se precisan para estimar en estas condiciones el porcentaje deseado?

$$n = z^2_{0.975} \cdot \frac{\overline{p}(1 - \overline{p})}{\varepsilon^2} \approx 1.96^2 \cdot \frac{0.4(1 - 0.4)}{0.04^2} = 576.24,$$

y tomaremos como valor $n = 577$ observaciones.

Repitiendo el procedimiento seguido en el ejemplo anterior podemos utilizar una función de la librería **samplingbook**. Una vez instalada y cargada utilizaremos la instrucción

`sample.size.prop(e=0.04, level=0.95, P=0.4)`

donde e indica la precisión requerida y P la estimación puntual para la proporción de reclusos que consumen estupefacientes.

Obtendremos como resultado

```
sample.size.prop object: Sample size for prop. estimate
    Without finite population correction:
N=Inf, precision e=0.04 and expected proportion P=0.4

Sample size needed: 577
```

El programa nos devuelve directamente la aproximación por exceso que buscamos. El tamaño de muestra que se requiere para nuestro estudio es $n = 577$ reclusos.

7.5.3 El caso de poblaciones finitas

En los casos precedentes se proporcionó el cálculo del tamaño muestral para poblaciones infinitas o en el caso en que es desconocido el tamaño poblacional.

En investigación social solemos trabajar con poblaciones finitas, como por

ejemplo el número de reclusos de un centro penitenciario. En estos casos las fórmulas anteriores deben ser corregidas.

Si el tamaño de la población es finito, tendremos que hacer la corrección

$$n_e = \frac{n}{\dfrac{N-1}{N} + \dfrac{n}{N}}, \tag{7.3}$$

donde n_e es el número de sujetos necesarios, n el tamaño muestral calculado y N el tamaño de la población.

OBSERVACIÓN 7.6 *En la práctica si $N > 100\,000$ podemos considerar a la población como infinita. En ese caso, no sería necesario realizar ninguna corrección.*

Ejemplo 7.5.3

Si en el ejemplo 7.5.2 se conociese que el centro penitenciario tiene una población de 1500 reclusos, habría que ajustar el cálculo del tamaño muestral de la siguiente forma:

$$n_e = \frac{n}{\dfrac{N-1}{N} + \dfrac{n}{N}} = \frac{577}{\dfrac{1499}{1500} + \dfrac{577}{1500}} = 416.9075$$

por lo que se necesitarían 417 observaciones.

Para resolver este problema con el programa podemos utilizar la instrucción utilizada en el ejemplo anterior pero debemos añadir que ahora el tamaño de la población es conocido. Escribiremos
`sample.size.prop(e=0.04, level=0.95, P=0.4, N=1500)`
especifiando que $N = 1500$ y obtendremos el resultado

```
sample.size.prop object: Sample size for prop. estimate
    With finite population correction:
N=1500, precision e=0.04 and expected proportion P=0.4

Sample size needed: 417
```

Como en los casos anteriores el programa nos devuelve directamente el valor que buscamos. El tamaño de muestra requerido para nuestro estudio es $n_e = 417$ reclusos.

Curiosidad

En 2009, el Instituto Andaluz Interuniversitario de Criminología, publicó un interesante documento dirigido por los profesores J. L. Díez Ripollés y E. García España, titulado "Encuesta a víctimas en España". En él se recogieron datos sobre victimización relativos al periodo 2004-2008, actitud hacia el delito y la policía, los juzgados, los juzgados de menores, las prisiones, actitudes punitivas y opinión sobre la severidad judicial y la influencia de los medios de comunicación en esa opinión.

La población sobre la que se muestreó estaba formada por personas de 16 años o más, residentes a 1 de enero de 2007, en capitales de provincia y municipios de más de 50 000 habitantes. En total se trataba de 23 494 676 personas .

Se usó un margen de error de 2.62 %, un nivel de confianza de $1-\alpha = 0.955$ y, como se desconocía cualquier información sobre p, $\overline{p} = 0.5$. Por tanto

$$n = z^2_{1-\alpha/2} \cdot \frac{\overline{p}(1-\overline{p})}{\varepsilon^2} = z^2_{0.9775} \cdot \frac{0.5(1-0.5)}{0.0262^2} = 1\,463.59 \approx 1\,464$$

La población es finita, y deberíamos corregir este valor según el criterio indicado en (7.3). Sin embargo en la práctica si $N > 100\,000$ podemos considerar a la población como infinita, porque el factor corrector puede considerarse despreciable.

No obstante en la Ficha Técnica del estudio se indica que se han realizado 1400 encuestas (en vez de las 1464 calculadas por nosotros). Esto puede ser debido a que el tamaño obtenido ha sido corregido por algún otro factor que tenga en cuenta el tipo de muestreo que se ha empleado.

Si hay pérdidas, abandonos o no respuestas, el tamaño de la muestra debe

aumentarse

$$n_a = n_e \cdot \frac{1}{(1 - R)},$$

donde n_a es el tamaño ajustado y R la proporción de pérdidas esperada.

Ejemplo 7.5.4

Si en el ejemplo 7.5.1 se estima que el 20 % de los imputados no querrá hacerse la prueba, el tamaño de muestra requerido debe ser:

$$n_a = 97 \cdot \frac{1}{(1 - 0.20)} = 121.25$$

Es decir necesitaríamos 122 individuos.

Capítulo 8

Estimación por intervalos de confianza en dos poblaciones

Contenidos

8.1.	Intervalos de confianza en poblaciones Normales	187
8.2.	Intervalo de confianza para la diferencia de proporciones	200

Generalmente, en situaciones reales, vamos a estar interesados en realizar comparaciones entre los parámetros de distintas variables aleatorias. Por ejemplo, podemos querer comparar las puntuaciones medias de un test en un grupo control de adolescentes y en otro con un pasado delictivo, o la edad media de los reclusos de los centros penitenciarios de dos CCAA, o ver si cierta política ayuda a reducir el número medio de delitos en una ciudad.

8.1. Intervalos de confianza en poblaciones Normales

A continuación se obtendrán intervalos de confianza bajo la hipótesis de que las variables de interés sigan distribuciones Normales independientes. Se considerarán dos poblaciones descritas por las variables aleatorias independientes $X \sim \mathcal{N}(\mu_1, \sigma_1)$ e $Y \sim \mathcal{N}(\mu_2, \sigma_2)$.

El problema consistente en comparar dos parámetros se va a transformar en el estudio de un único parámetro θ que será $\theta = \mu_1 - \mu_2$, para el caso de la comparación de medias poblacionales y $\theta = \sigma_1^2/\sigma_2^2$ al comparar las varianzas poblacionales.

8.1.1 Intervalos para la comparación de medias

Sean dos variables aleatorias $X \sim \mathcal{N}(\mu_1, \sigma_1)$ e $Y \sim \mathcal{N}(\mu_2, \sigma_2)$, independientes, y consideremos que de cada una de ellas se extrae una m.a.s. que notaremos $(X_1, X_2, \ldots, X_{n_1})$ e $(Y_1, Y_2, \ldots, Y_{n_2})$, respectivamente.

Varianzas poblacionales σ_1^2 y σ_2^2 conocidas

(a) En estas condiciones sabemos que la diferencia de medias muestrales se distribuye

$$\overline{X} - \overline{Y} \sim \mathcal{N}\left(\mu_1 - \mu_2, \sqrt{\frac{\sigma_1^2}{n_1} + \frac{\sigma_2^2}{n_2}}\right)$$

y el estadístico pivote $T(X_1, X_2, \ldots, X_{n_1}; Y_1, Y_2, \ldots, Y_{n_2}; \theta)$ será:

$$\frac{(\overline{X} - \overline{Y}) - (\mu_1 - \mu_2)}{\sqrt{\dfrac{\sigma_1^2}{n_1} + \dfrac{\sigma_2^2}{n_2}}} \sim \mathcal{N}(0, 1)$$

(b) Construimos un intervalo para dicho estadístico con nivel de confianza $1-\alpha$. Para ello necesitamos encontrar unos valores a y b verificando:

$$P\left(a \leq \frac{(\overline{X} - \overline{Y}) - (\mu_1 - \mu_2)}{\sqrt{\dfrac{\sigma_1^2}{n_1} + \dfrac{\sigma_2^2}{n_2}}} \leq b\right) = 1 - \alpha$$

Como el estadístico pivote sigue una distribución $\mathcal{N}(0, 1)$,

$$P\left(-z_{1-\alpha/2} \leq \frac{(\overline{X} - \overline{Y}) - (\mu_1 - \mu_2)}{\sqrt{\dfrac{\sigma_1^2}{n_1} + \dfrac{\sigma_2^2}{n_2}}} \leq z_{1-\alpha/2}\right) = 1 - \alpha$$

siendo $z_{1-\alpha/2}$ el punto crítico de una $\mathcal{N}(0,1)$, que verifica que

$$P\left(Z \le z_{1-\alpha/2}\right) = 1 - \alpha/2.$$

(c) Despejando $\mu_1 - \mu_2$

$$IC_{1-\alpha}\left(\mu_1 - \mu_2\right) = \left[(\overline{X} - \overline{Y}) \mp z_{1-\alpha/2}\sqrt{\frac{\sigma_1^2}{n_1} + \frac{\sigma_2^2}{n_2}}\right]$$

Ejemplo 8.1.1

Queremos comparar la edad media de los reclusos de los centros penitenciarios de dos CCAA. Consideramos las variables:

X = "edad de los reclusos de centros penitenciarios en Comun. Aut. A",
Y = "edad de los reclusos de centros penitenciarios en Comun. Aut. B",

de las que se conoce que se distribuyen según una Normal con desviaciones
típicas 9 y 5 años, respectivamente. De cada comunidad autónoma se se-
leccionan al azar 50 reclusos, obteniéndose $\overline{x} = 41$ años e $\overline{y} = 38$ años. A
la vista de la información proporcionada, ¿puede considerarse que la edad
media de los reclusos es la misma en ambas comunidades con una confianza
del 95 %?
   El intervalo que debemos calcular es

$$IC_{1-\alpha}(\mu_1 - \mu_2) = \left[(\overline{X} - \overline{Y}) \mp z_{1-\frac{\alpha}{2}}\sqrt{\frac{\sigma_1^2}{n_1} + \frac{\sigma_2^2}{n_2}}\right]$$

$$IC_{0.95}(\mu_1 - \mu_2) = \left[(41 - 38) \mp z_{0.975}\sqrt{\frac{9^2}{50} + \frac{5^2}{50}}\right]$$

$$= [3 \mp 1.96 \cdot 1.4560] = [3 \mp 2.8538] = [0.1462\,,\,5.8538]$$

Por tanto, y a la vista del intervalo obtenido, no podemos asumir la
igualdad de ambas edades medias dado que el cero no pertenece al intervalo
calculado. Es más, podemos decir que la edad media de los reclusos de los

centros penitenciarios de la comunidad autónoma A es superior a la edad media de los de la comunidad B, con una confianza del 95% (dado que todos los valores del intervalo son positivos)

Varianzas poblacionales σ_1^2 y σ_2^2 desconocidas y pueden suponerse iguales

(a) Teniendo en cuenta la distribución en el muestreo que sigue la diferencia de medias muestrales bajo estas condiciones, el estadístico pivote

$$T\left(X_1, X_2, \ldots, X_{n_1}; Y_1, Y_2, \ldots, Y_{n_2}; \theta\right) =$$

$$= \frac{(\overline{X} - \overline{Y}) - (\mu_1 - \mu_2)}{S_{CONJ}\sqrt{\dfrac{1}{n_1} + \dfrac{1}{n_2}}} \sim t_{n_1 + n_2 - 2}$$

$$\text{donde } S_{CONJ} = \sqrt{\frac{(n_1 - 1)S_{c_1}^2 + (n_2 - 1)S_{c_2}^2}{n_1 + n_2 - 2}}$$

(b) El intervalo resultante, $IC_{1-\alpha}\left(\mu_1 - \mu_2\right)$, es

$$\left[(\overline{X} - \overline{Y}) \mp t_{m;1-\alpha/2}\sqrt{\frac{(n_1 - 1)S_{c_1}^2 + (n_2 - 1)S_{c_2}^2}{n_1 + n_2 - 2}}\sqrt{\frac{1}{n_1} + \frac{1}{n_2}}\right]$$

siendo los grados de libertad $m = n_1 + n_2 - 2$.

OBSERVACIÓN 8.1 *En ausencia de la hipótesis de normalidad, y para muestras grandes ($n_1 \geq 30$ y $n_2 \geq 30$), el estadístico pivote seguiría, aproximadamente, una distribución $\mathcal{N}(0, 1)$ y en la expresión del intervalo se sustituiría el punto crítico $t_{m;1-\alpha/2}$ por $z_{1-\alpha/2}$.*

Ejemplo 8.1.2

Supongamos que en el ejemplo 8.1.1 se conociese que las variables

X = "edad de los reclusos de centros penitenciarios en Comun. Aut. A",
Y = "edad de los reclusos de centros penitenciarios en Comun. Aut. B",

se distribuyen según distribuciones Normales independientes, pero cuyas desviaciones típicas poblacionales son desconocidas, aunque pueden considerarse similares. La información a partir de una m.a.s. de 50 reclusos de cada comunidad arrojó: $\overline{x} = 41$ años, $s_{c_1} = 8.5$ años, $\overline{y} = 38$ años y $s_{c_2} = 9.6$ años. Con estos datos, ¿puede considerarse que la edad media es la misma en ambas comunidades con una confianza del 95 %?

El intervalo que debemos calcular es

$$\left[(\overline{X} - \overline{Y}) \mp t_{m;1-\alpha/2} \sqrt{\frac{(n_1 - 1)S_{c_1}^2 + (n_2 - 1)S_{c_2}^2}{n_1 + n_2 - 2}} \sqrt{\frac{1}{n_1} + \frac{1}{n_2}} \right]$$

siendo los grados de libertad $m = n_1 + n_2 - 2$.

$$IC_{0.95}(\mu_1 - \mu_2) =$$

$$= \left[(41 - 38) \mp t_{98;0.975} \sqrt{\frac{(50 - 1)8.5^2 + (50 - 1)9.6^2}{50 + 50 - 2}} \sqrt{\frac{1}{50} + \frac{1}{50}} \right]$$

$$= [3 \mp 1.9845 \cdot 1.8133] = [3 \mp 3.5985] = [-0.5985, 6.5985]$$

Por tanto, y a la vista del intervalo obtenido, podemos asumir que la edad media es igual en los centros penitenciarios de las comunidades consideradas, con una confianza del 95 % (dado que el cero pertenece al intervalo)

Varianzas poblacionales σ_1^2 y σ_2^2 desconocidas y se pueden suponer distintas

(a) Teniendo en cuenta la distribución en el muestreo que sigue la diferencia de medias muestrales bajo estas condiciones, el estadístico pivote

$$T(X_1, X_2, \ldots, X_{n_1}; Y_1, Y_2, \ldots, Y_{n_2}; \theta) = \frac{(\overline{X} - \overline{Y}) - (\mu_1 - \mu_2)}{\sqrt{\dfrac{S_{c_1}^2}{n_1} + \dfrac{S_{c_2}^2}{n_2}}}$$

sigue una distribución t_g, siendo g el entero más próximo a

$$\frac{(T_1 + T_2)^2}{\dfrac{T_1^2}{n_1 - 1} + \dfrac{T_2^2}{n_2 - 1}} \quad \text{con } T_i = S_{c_i}^2/n_i \text{ para } i = 1, 2.$$

(b) El intervalo resultante, $IC_{1-\alpha}(\mu_1 - \mu_2)$, es

$$\left[(\overline{X} - \overline{Y}) \mp t_{g;1-\alpha/2} \sqrt{\frac{S_{c_1}^2}{n_1} + \frac{S_{c_2}^2}{n_2}} \right]$$

OBSERVACIÓN 8.2 *En ausencia de la hipótesis de normalidad, y para muestras grandes ($n_ \geq 30$ y $n_2 \geq 30$), el estadístico pivote seguiría, aproximadamente, una distribución $\mathcal{N}(0, 1)$ y en la expresión del intervalo se sustituiría el punto crítico $t_{g;1-\alpha/2}$ por $z_{1-\alpha/2}$.*

Ejemplo 8.1.3

Supongamos que dieciocho personas con problemas de drogadicción son asignadas aleatoriamente a dos formas de recibir un tratamiento. El grupo 1 está formado por aquellos que son hospitalizados, mientras que el grupo 2 lo componen aquellas personas que reciben un tratamiento extrahospitalario (ambulatorio). Durante un mes se recoge información sobre el número de positivos en el test de drogas. Se obtuvieron los siguientes resultados:

Grupo 1	2	1	3	1	2	2	4	2	0
Grupo 2	1	2	7	1	4	5	0	3	8

Suponemos que ambas poblaciones siguen aproximadamente distribuciones Normales independientes con desviaciones típicas poblacionales que pueden suponerse distintas (posteriormente se comprobará con el intervalo adecuado). Vamos a calcular un intervalo para la diferencia de medias entre los grupos 1 y 2 con un nivel de confianza del 95 %.

Como las varianzas son desconocidas y distintas, el intervalo que debemos calcular es:

$$IC_{1-\alpha}(\mu_1 - \mu_2) = \left[(\overline{X} - \overline{Y}) \mp t_{g;1-\alpha/2}\sqrt{\frac{S_{c_1}^2}{n_1} + \frac{S_{c_2}^2}{n_2}}\right]$$

Realizados los cálculos oportunos con las muestras proporcionadas se obtiene:

$$IC_{0.95}(\mu_1 - \mu_2) = \left[(1.8889 - 3.4444) \mp t_{11;0.975}\sqrt{\frac{1.3611}{9} + \frac{7.7778}{9}}\right]$$

$$= [-1.5555 \mp 2.201 \cdot 1.0077] = [-1.5555 \mp 2.2179]$$

Luego

$$IC_{0.95}(\mu_1 - \mu_2) = [-3.7734, 0.6624]$$

Los grados de libertad $g = 11$, se han obtenido tomando el entero más próximo al valor de

$$\frac{(T_1 + T_2)^2}{\dfrac{T_1^2}{n_1 - 1} + \dfrac{T_2^2}{n_2 - 1}} = \frac{(0.1512 + 0.8642)^2}{\dfrac{0.1512^2}{8} + \dfrac{0.8642^2}{8}} = 10.7172$$

donde $T_1 = 1.3611/9$, $T_2 = 7.7778/9$ y $t_{11;0.975} = 2.201$.

Por tanto a la vista del intervalo obtenido, que contiene al valor cero, podemos asumir que el número medio de positivos en el test es igual bajo las dos formas de aplicación del tratamiento con una confianza del 95 %.

Para resolver el ejercicio con el programa podemos usar dos opciones, mediante R commander o directamente ejecutando instrucciones de R.

En el caso de que hagamos el ejercicio con R commander, una vez introducidos los datos en dos columnas/variables diferentes, tendremos que *apilar* éstas para construir un conjunto de datos. El nuevo conjunto de datos creado tendrá dos columnas, la primera con todos los valores (los de los dos grupos) y la segunda con el valor del grupo al que pertenecen. Pulsamos Datos → Conjunto de datos activo → Apilar variables del

conjunto de datos activo. Elegimos las dos variables, y como nombre del conjunto de datos apilados elegimos `DatosApilados`. En nombre de la variable usamos `Variable`, y en `Nombre del factor` ponemos `Grupo`. De esta manera, podemos seleccionar el menú

`Estadísticos → Medias → Test t para muestras independientes`

En la venta emergente que aparecerá tendremos la variable `Grupo` en la casilla `Grupos`, y `Variable` en la casilla `Variable explicada`. La pestaña Opciones nos da la posibilidad de elegir el tipo de contraste, el nivel de confianza, y suponer o no las varianzas iguales. Para el caso que nos ocupa elegimos varianzas distintas y dejamos el resto de opciones que vienen por defecto.

Para resolver el ejercicio directamente con instrucciones de R debemos primero introducir los datos del problema utilizando

```
x1 <- c(2, 1, 3, 1, 2, 2, 4, 2, 0)
x2 <- c(1, 2, 7, 1, 4, 5, 0, 3, 8)
```

El contraste deseado se obtiene mediante la instrucción

```
t.test(x1, x2, conf.level = 0.95, var.equal = FALSE)
```

En ambos casos obtendremos como resultado

```
    Welch Two Sample t-test

data:  Variable by Grupo
t = -1.5437, df = 10.717, p-value = 0.1517
alternative hypothesis:
true difference in means is not equal to 0
95 percent confidence interval:
 -3.7806304  0.6695193
sample estimates:
mean in group V1 mean in group V2
        1.888889         3.444444
```

Observamos que nos proporciona el mismo intervalo que el calculado de forma manual y los grados de libertad son df = 11, aproximadamente.

8.1.2 Intervalo para la comparación de varianzas

(a) Teniendo en cuenta la distribución en el muestreo que sigue el cociente de cuasivarianzas muestrales, el estadístico pivote

$$T\left(X_1, X_2, \ldots, X_{n_1}; Y_1, Y_2, \ldots, Y_{n_2}; \theta\right) = \frac{\sigma_1^2}{\sigma_2^2} \cdot \frac{S_{c_2}^2}{S_{c_1}^2} \sim \mathcal{F}_{n_2-1, n_1-1}$$

(b) El intervalo resultante es

$$IC_{1-\alpha}\left(\sigma_1^2/\sigma_2^2\right) = \left[\frac{S_{c_1}^2}{S_{c_2}^2} \cdot \mathcal{F}_{n_2-1, n_1-1; \alpha/2}\,,\; \frac{S_{c_1}^2}{S_{c_2}^2} \cdot \mathcal{F}_{n_2-1, n_1-1; 1-\alpha/2}\right].$$

OBSERVACIÓN 8.3 *En general es habitual realizar un intervalo de confianza para el cociente de varianzas básicamente para comprobar si se pueden asumir varianzas poblacionales iguales con el objetivo de escoger el intervalo adecuado para la comparación de medias.*

Ejemplo 8.1.4

Diversos estudios criminológicos se centran en el estudio de la edad del primer ingreso de un individuo en prisión, y en ellos además, interesa comparar la media de edad del primer ingreso entre reclusos reincidentes y no reincidentes. Para cierta comunidad autónoma consideremos como variables de estudio:

X = "edad del primer ingreso en prisión entre los no reincidentes",
Y = "edad del primer ingreso en prisión entre los reincidentes".

Una m.a.s. de 68 reclusos no reincidentes arrojó $\overline{x} = 21.9$ años y $s_{c_1} = 7.2$ años. De una m.a.s. de 89 reclusos reincidentes se obtuvo $\overline{y} = 16.9$ años y $s_{c_2} = 4.2$ años. Supuesta la normalidad e independencia de las variables consideradas, se pretende obtener un intervalo para la diferencia de las edades medias poblacionales. Al desconocer las desviaciones típicas poblacionales, debemos en primer lugar hacer un estudio para ver si, aunque desconocidas, estas se pueden considerar similares o no.

El intervalo que debemos calcular es

$$IC_{1-\alpha}\left(\sigma_1^2/\sigma_2^2\right) = \left[\frac{S_{c_1}^2}{S_{c_2}^2} \cdot \mathcal{F}_{n_2-1,n_1-1;\alpha/2}, \frac{S_{c_1}^2}{S_{c_2}^2} \cdot \mathcal{F}_{n_2-1,n_1-1;1-\alpha/2}\right]$$

$$= \left[\frac{(7.2)^2}{(4.2)^2} \cdot \mathcal{F}_{88.67;0.025}, \frac{(7.2)^2}{(4.2)^2} \cdot \mathcal{F}_{88.67;0.975}\right]$$

$$= [2.94 \cdot 0.6403, 2.94 \cdot 1.5839] = [1.8825, 4.6567].$$

Por tanto, y a la vista del intervalo obtenido, no podemos asumir varianzas poblacionales iguales con una confianza del 95 % (dado que el uno no pertenece al intervalo). Ahora se realizaría el correspondiente intervalo para la diferencia de medias poblacionales.

Ejemplo 8.1.5

Con los datos proporcionados en el ejemplo 8.1.3 estúdiese mediante el intervalo oportuno si las varianzas poblacionales pueden considerarse similares con una confianza del 95 %.

Para resolver el ejercicio con el programa podemos usar dos opciones, mediante R commander o mediante instrucciones de R.

Si utilizamos R commander debemos seguir los pasos descritos en el ejemplo 8.1.3 para *apilar* los datos de forma que R commander sea capaz de distinguir los valores en dos grupos diferentes. Una vez hecho esto, bastará con pulsar los menús

Estadísticos → Varianzas → Test F para dos varianzas.

Aparecerá una ventana emergente en la que tendremos que elegir la variable que queremos analizar, así como la variable de agrupación. Tendremos una pestaña más, Opciones, donde dejaremos las opciones predefinidas en el programa, Bilateral y 0.95.

Si utilizamos instrucciones directas de R debemos seguir los pasos descritos en el ejemplo 8.1.3. Primero introducimos los datos y posteriormente ejecutamos la instrucción var.test(x1, x2, conf.level = 0.95).

En ambos casos el resultado obtenido será

```
F test to compare two variances

F = 0.175, num df = 8, denom df = 8, p-value = 0.02359
alternative hypothesis: true ratio of variances is not
equal to 1
95 percent confidence interval:
 0.03947434 0.77582048
sample estimates:
ratio of variances
           0.175
```

El intervalo obtenido es

$$IC_{0.95}\left(\sigma_1^2/\sigma_2^2\right) = [0.0394\,,\,0.7758].$$

Por tanto, a la vista del intervalo obtenido, no podemos asumir varianzas poblacionales iguales con una confianza del 95 % (dado que el uno no pertenece al intervalo).

8.1.3 Intervalo para la comparación de medias con muestras pareadas

En este apartado estudiamos el intervalo de confianza para comparar las medias de dos poblaciones normales que no pueden suponerse independientes. Un ejemplo de ello surgiría cuando, para estudiar la efectividad de cierta terapia, las muestras se obtienen evaluando a los mismos individuos antes y después de la aplicación de la citada terapia. A las muestras obtenidas se les denomina muestras pareadas.

Sean $(X_1, X_2, \ldots, X_n)$ e $(Y_1, Y_2, \ldots, Y_n)$ m.a.s. tomadas de las poblaciones no independientes $\mathcal{N}(\mu_1, \sigma_1)$ y $\mathcal{N}(\mu_2, \sigma_2)$, respectivamente. En este caso suele reducirse la información a una sola muestra $(D_1, D_2, \ldots, D_n)$, en la que cada $D_i = X_i - Y_i$, con $i = 1, 2, ..., n$. Un intervalo de confianza para la diferencia de medias es:

$$IC_{1-\alpha}(\mu_1 - \mu_2) = \left[\overline{D} - t_{n-1;1-\alpha/2} \cdot \frac{S_{c_D}}{\sqrt{n}},\ \overline{D} + t_{n-1;1-\alpha/2} \cdot \frac{S_{c_D}}{\sqrt{n}}\right]$$

donde $\overline{D} = \dfrac{\sum\limits_{i=1}^{n} D_i}{n}$ y $S^2_{c_D} = \dfrac{\sum\limits_{i=1}^{n} \left(D_i - \overline{D}\right)^2}{n-1}$.

Ejemplo 8.1.6

Diez individuos fueron expuestos a condiciones que simulaban un delito. El número de latidos por minuto antes y después del experimento aparece en la tabla siguiente:

Individuo	1	2	3	4	5	6	7	8	9	10
Antes	70	84	88	110	105	100	110	67	79	86
Después	115	148	176	191	158	178	179	140	161	157

Queremos construir un intervalo con una confianza del 95 % para la diferencia del número medio de latidos antes y después experimento. Por tanto, se trata de datos pareados y, por tanto, el intervalo pedido es:

$$IC_{1-\alpha}(\mu_1 - \mu_2) = \left[\overline{D} - t_{n-1;1-\alpha/2} \cdot \frac{S_{c_D}}{\sqrt{n}}, \; \overline{D} + t_{n-1;1-\alpha/2} \cdot \frac{S_{c_D}}{\sqrt{n}}\right]$$

Con esos datos calculamos las diferencias $d_i = x_i - y_i$

d_i	-45	-64	-88	-81	-53	-78	-69	-73	-82	-71

luego

$$\overline{d} = -70.4; \quad s^2_{c_d} = 179.1555; \quad s_{c_d} = 13.3849; \quad t_{9;0.975} = 2.262$$

entonces

$$IC_{0.95}(\mu_1 - \mu_2) = \left[-70.4 \mp 2.262 \cdot \frac{13.3849}{\sqrt{10}}\right] = [-79.9743, -60.8257]$$

A la vista del intervalo obtenido, al ser todos sus valores negativos, podemos concluir que el número medio de latidos después de la simulación del delito es claramente superior con una confianza del 95 %.

De nuevo para resolver el ejercicio con el programa podemos usar dos opciones, mediante R commander o mediante instrucciones de R.

En caso de querer realizarlo con R commander, bastará introducir dos columnas de datos antes y despues (recuerden evitar las tildes en los nombres de variables) y pulsar los menús

Estadísticos → Medias → Test t para datos relacionados.
En la ventana emergente seleccionaremos como primera variable antes y, a continuación, como segunda variable despues. En la pestaña Opciones dejamos las opciones que aparecen de forma predefinida.

Para resolver el problema directamente con instrucciones tendremos que introducir los datos de la siguiente forma

```
antes <- c(70, 84, 88, 110, 105, 100, 110, 67, 79, 86)
despues <-c(115, 148, 176, 191, 158, 178, 179, 140, 161, 157)
data <- data.frame(antes, despues)
```

y, por último, ejecutaremos la instrucción

```
t.test(antes, despues, conf.level = 0.95, paired = TRUE).
```

En ambos casos obtendremos

```
    Paired t-test

data:  antes and despues
t = -16.632, df = 9, p-value = 0.00000004585
alternative hypothesis: true difference in means is not
equal to 0
95 percent confidence interval:
 -79.97498 -60.82502
sample estimates:
mean of the differences
                -70.4
```

8.2. Intervalo de confianza para la diferencia de proporciones

Se considerarán dos poblaciones descritas por las variables aleatorias independientes $X \sim \mathcal{B}e(p_1) \equiv \mathcal{B}(1, p_1)$ e $Y \sim \mathcal{B}e(p_2) \equiv \mathcal{B}(1, p_2)$. En este caso la comparación de p_1 y p_2 se hará mediante el estudio del parámetro $\theta = p_1 - p_2$.

De cada una de las poblaciones extraeremos una m.a.s. $(X_1, X_2, \ldots, X_{n_1})$ e $(Y_1, Y_2, \ldots, Y_{n_2})$, respectivamente. El intervalo que se obtendrá será aproximado y se requerirán tamaños de muestras suficientemente grandes.

(a) Los estimadores para las respectivas proporciones de éxitos poblacionales vienen dados por las expresiones:

$$\overline{p}_1 = \frac{n^o \text{ de éxitos en la primera muestra}}{n_1}$$

$$\overline{p}_2 = \frac{n^o \text{ de éxitos en la segunda muestra}}{n_2}$$

Sabemos que

$$\overline{p}_1 - \overline{p}_2 \sim \mathcal{N}\left(p_1 - p_2, \sqrt{\frac{\overline{p}_1(1 - \overline{p}_1)}{n_1} + \frac{\overline{p}_2(1 - \overline{p}_2)}{n_2}}\right)$$

cuando $n_1 \to \infty$ y $n_2 \to \infty$. Usaremos como estadístico pivote:

$$T(X_1, X_2, \ldots, X_{n_1}; Y_1, Y_2, \ldots, Y_{n_2}; \theta)$$

$$= \frac{(\overline{p}_1 - \overline{p}_2) - (p_1 - p_2)}{\sqrt{\frac{\overline{p}_1(1 - \overline{p}_1)}{n_1} + \frac{\overline{p}_2(1 - \overline{p}_2)}{n_2}}} \sim \mathcal{N}(0, 1)$$

(b) Construimos un intervalo con nivel de confianza $1 - \alpha$ utilizando el hecho de que el estadístico pivote sigue aproximadamente una distribución $\mathcal{N}(0, 1)$.

$$P\left(-z_{1-\alpha/2} \le \frac{(\bar{p}_1 - \bar{p}_2) - (p_1 - p_2)}{\sqrt{\dfrac{\bar{p}_1(1-\bar{p}_1)}{n_1} + \dfrac{\bar{p}_2(1-\bar{p}_2)}{n_2}}} \le z_{1-\alpha/2}\right) = 1 - \alpha$$

siendo $z_{1-\alpha/2}$ el punto crítico de una $\mathcal{N}(0,1)$, que verifica que

$$P\left(Z \le z_{1-\alpha/2}\right) = 1 - \alpha/2.$$

(c) Despejando $p_1 - p_2$ se obtiene el intervalo

$$IC_{1-\alpha}(p_1 - p_2) = \left[(\bar{p}_1 - \bar{p}_2) \mp z_{1-\alpha/2}\sqrt{\frac{\bar{p}_1(1-\bar{p}_1)}{n_1} + \frac{\bar{p}_2(1-\bar{p}_2)}{n_2}}\right]$$

OBSERVACIÓN 8.4 *En la práctica, para obtener una buena aproximación suele usarse como criterio que $n_1 \ge 30$ y que $n_2 \ge 30$.*

Ejemplo 8.2.1

En un estudio llevado a cabo en cierto condado de Arizona los investigadores pretendían examinar si la realización de controles de drogas a aquellos acusados que eran dejados en libertad antes del juicio tenía algún impacto en cuanto a posibles faltas por incomparecencia a las vistas. Compararon dos grupos de acusados. El primero de ellos fue monotorizado con controles de drogas dos veces a la semana, mientras que el segundo estaba formado por acusados que se dejaron en libertad sin haber pasado ningún tipo de control. La selección fue realizada a lo largo de seis meses y los acusados se asignaban a uno u otro grupo al azar. Se obtuvo una m.a.s. de 118 sujetos del primer grupo y de 116 del segundo (grupo control). El 30 % del primer grupo y el 38 % del grupo de control no comparecieron a las vistas durante el periodo de seguimiento. Los investigadores estaban interesados en saber si se puede inferir a nivel poblacional una diferencia significativa entre las proporciones de incomparecencias de los dos grupos de acusados, con una confianza del 95 %.

El intervalo que debemos utilizar es

$$IC_{1-\alpha}(p_1 - p_2) = \left[(\bar{p}_1 - \bar{p}_2) \mp z_{1-\alpha/2} \sqrt{\frac{\bar{p}_1(1-\bar{p}_1)}{n_1} + \frac{\bar{p}_2(1-\bar{p}_2)}{n_2}} \right]$$

Usando la información muestral obtenemos

$$IC_{0.95}(p_1 - p_2) = \left[(0.30 - 0.38) \mp 1.96 \sqrt{\frac{0.30 \cdot 0.70}{118} + \frac{0.38 \cdot 0.62}{116}} \right]$$

$$= [-0.08 \mp 1.96 \cdot 0.0617] = [-0.08 \mp 0.1209] = [-0.2009, 0.0409]$$

Con una confianza del 95 % los investigadores concluyeron que los tests sistemáticos de drogas no consiguen un cambio significativo en las faltas por incomparecencia a las vistas.

Para resolver el problema con el programa necesitamos calcular primero el número de éxitos y el número total de observaciones para cada grupo. Para el primer grupo $n = 118$ sujetos y el número de éxitos es de $0.30 \cdot 118 = 35.4$ sujetos. Para el segundo grupo $n = 116$ y el número de éxitos es 44.08.

Utilizaremos la siguiente instrucción donde indicamos en primer lugar el número de éxitos y después el tamaño de muestra de cada grupo, siempre en el mismo orden.

```
prop.test(x = c(35.4,44.08), n = c(118,116),
conf.level = 0.95, correct = FALSE).
```

Obtendremos como solución

```
2-sample test for equality of proportions
without continuity correction

data:   c(35.4, 44.08) out of c(118, 116)
X-squared = 1.6691, df = 1, p-value = 0.1964
alternative hypothesis: two.sided
95 percent confidence interval:
 -0.20099021  0.04099021
```

```
sample estimates:
prop 1 prop 2
  0.30    0.38
```

Observamos que el intervalo coincide con el obtenido previamente de forma manual.

Ejemplo 8.2.2

Se quieren comparar los resultados de cierto programa formativo implantado en dos centros penitenciarios A y B de cierto país. Para ello se decide tomar una muestra aleatoria simple de tamaño 36 en el centro A y otra de tamaño 45 en el centro B, de las que se obtuvieron:

Datos muestra centro A

EX	FR	EX	EX	EX	EX	EX	FR	FR
EX	FR	FR	EX	EX	EX	EX	EX	EX
EX	EX	EX	EX	EX	EX	EX	EX	EX
EX	FR	FR	EX	EX	EX	EX	EX	EX

Datos muestra centro B

EX	FR	FR	EX	EX	EX	EX	EX	EX
EX	FR	EX	EX	EX	EX	EX	FR	FR
EX	FR	FR	EX	EX	FR	EX	EX	EX
EX	EX	EX	FR	EX	EX	EX	EX	EX
EX	FR	FR	EX	EX	EX	EX	EX	EX

donde EX indica que el recluso superó satisfactoriamente el programa formativo y FR que no lo superó. Como podemos observar en los centros A y B fueron 29 y 34 reclusos los que superaron satisfactoriamente el programa formativo, respectivamente. Vamos a calcular un intervalo al 95 % de confianza para la diferencia de proporciones.

En este caso tenemos $X \sim \mathcal{B}e(p_1) \equiv \mathcal{B}(1, p_1)$ e $Y \sim \mathcal{B}e(p_2) \equiv \mathcal{B}(1, p_2)$, donde p_1 y p_2 representan las proporciones de reclusos que com-

pletan satisfactoriamente el programa educativo. Con la información muestral obtenemos

$$\bar{p}_1 = \frac{29}{36} \ \text{y} \ \bar{p}_2 = \frac{34}{45}$$

Un intervalo de confianza para $p_1 - p_2$ al 95 % de confianza es:

$$IC_{1-\alpha}(p_1 - p_2) = \left[(\bar{p}_1 - \bar{p}_2) \mp z_{1-\alpha/2} \sqrt{\frac{\bar{p}_1 (1 - \bar{p}_1)}{n_1} + \frac{\bar{p}_2 (1 - \bar{p}_2)}{n_2}} \right]$$

Usando la información muestral obtenemos

$$IC_{0.95}(p_1 - p_2) = \left[\left(\frac{29}{36} - \frac{34}{45} \right) \mp 1.96 \sqrt{\frac{\frac{29}{36} \cdot \frac{7}{36}}{36} + \frac{\frac{34}{45} \cdot \frac{11}{45}}{45}} \right]$$

$$= [0.05 \mp 1.96 \cdot 0.09195] = [0.05 \mp 0.1802] = [-0.1302, 0.2302] .$$

Podemos afirmar, con una confianza del 95 %, que la proporción poblacional de reclusos que superan satisfactoriamente el programa es similar en ambos centros ya que el valor cero está contenido en el intervalo.

Para resolver este problema con el programa tenemos de nuevo dos opciones.

Si quisiéramos realizarlo en **R commander**, debemos introducir los datos en dos columnas, de forma que una columna contenga los posibles valores de la variable estadística, **EX** y **FR**, y otra el centro al que pertenecen:

EX	$CentroA$
FR	$CentroA$
EX	$CentroA$
$\dots$	$\dots$
EX	$CentroB$
EX	$CentroB$
EX	$CentroB$

Una vez hecho recuento de los valores en cada uno de los centros podemos utilizar R commander para introducirlos de forma más rápida.

```
valor <- c(
    rep(c("EX", "FR"), c(29, 7)),
    rep(c("EX", "FR"), c(34, 11)))
grupo <- rep(c("centroA", "centroB"), c(36, 45))
datosCentros <- data.frame(valor, grupo)
```

Una vez realizada dicha operación, pulsando los menús
Estadísticos → Proporciones → Test de proporciones para dos muestras,
aparecerá una ventana en la que seleccionaremos la variable grupo en la casilla Grupos, y valor en la casilla Variable explicada. Como de costumbre, elegiremos las opciones predefinidas en la pestaña Opciones.

Si quisiéramos realizar el problema utilizando únicamente instrucciones en R podemos utilizar la siguiente instrucción donde indicamos en primer lugar el número de éxitos y después el tamaño de muestra de cada grupo, en el mismo orden.

```
prop.test(x = c(29, 34), n= c(36, 45),
conf.level = 0.95, correct = FALSE).
```

En ambos casos obtenemos los siguientes resultados:

```
2-sample test for equality of proportions
without continuity correction

X-squared = 0.28929, df = 1, p-value = 0.5907
alternative hypothesis: two.sided
95 percent confidence interval:
 -0.1302234  0.2302234
sample estimates:
   prop 1     prop 2
0.8055556 0.7555556
```

Capítulo 9

Contrastes de hipótesis paramétricas en una población

Contenidos

9.1.	Introducción a los contrastes de hipótesis paramétricas .	207
9.2.	Pasos para la realización de un contraste	211
9.3.	Contrastes de hipótesis en poblaciones Normales	214
9.4.	Contrastes para la proporción en una población Bernoulli	226
9.5.	Relación entre intervalos y contrastes	229

9.1. Introducción a los contrastes de hipótesis paramétricas

Los intervalos de confianza presentados en temas precedentes se utilizaron para estimar parámetros desconocidos de poblaciones. Nos disponemos ahora a estudiar los contrastes o tests de hipótesis, técnica que nos permitirá tomar decisiones sobre hipótesis planteadas acerca de ciertas características poblacionales.

Una hipótesis estadística es una afirmación, verdadera o falsa, respecto a una característica de la población. Cuando las hipótesis se refieren al valor de un

parámetro poblacional desconocido, los contrastes se llaman paramétricos. Si las hipótesis se refieren a cualquier otra característica, entonces diremos que el contraste es no paramétrico. En este texto nos vamos a centrar en los contrastes paramétricos.

Supongamos cierta población en la que se estudia una variable aleatoria con función de distribución conocida, $F(x; \theta)$, pero que depende de un parámetro desconocido, θ. Al ser θ desconocido, usaremos contrastes en los que se plantearán hipótesis sobre sus posibles valores.

En general, los contrastes de hipótesis suelen enfrentar dos hipótesis excluyentes. Una de ellas, llamada hipótesis nula (H_0), es aquella que provisionalmente consideraremos verdadera, y que rechazaremos si la muestra proporciona una alta evidencia en su contra. La otra, llamada hipótesis alternativa (H_1), es la que aceptaremos en caso de rechazar la hipótesis nula.

En los contrastes paramétricos el conjunto de valores posibles para el parámetro, llamado espacio paramétrico y representado por Θ, se considera dividido en dos subconjuntos excluyentes, Θ_0 y Θ_1.

El contraste de hipótesis suele presentarse con el siguiente esquema:

$$H_0 : \theta \in \Theta_0$$
$$H_1 : \theta \in \Theta_1$$
(9.1)

donde Θ_0 es aquella parte del espacio paramétrico formada por el conjunto de valores que cumplen la hipótesis nula, mientras que Θ_1 es la formada por el conjunto de valores que no la cumplen.

Definición 9.1 *Contraste o test de hipótesis es una regla de decisión mediante la cual optamos por una hipótesis u otra en base a la información muestral obtenida.*

Cuando Θ_0 o Θ_1 están compuestos por un único elemento, la correspondiente hipótesis se dirá que es simple. Este tipo de hipótesis suele expresarse como $\theta = \theta_0$. En otro caso, a la hipótesis se le llamará compuesta, especificando un intervalo de valores para el parámetro (por ejemplo $\theta \geq \theta_0$).

Si nos fijamos en la hipótesis alternativa y ésta es compuesta, se consideran dos tipos de contrastes:

(a) Contrastes unilaterales o de una cola. Son aquellos en los que conocemos la dirección en que la hipótesis nula puede ser falsa. La forma que adopta la hipótesis alternativa es $\theta > \theta_0$ o bien $\theta < \theta_0$.

(b) Contrastes bilaterales o de dos colas. Son aquellos en los que se desconoce en qué dirección puede ser falsa la hipótesis nula. En estos casos la hipótesis alternativa tiene la forma $\theta \neq \theta_0$.

Ejemplo 9.1.1

Cuando una determinada prueba sobre comportamiento delictivo se aplica a la población juvenil en general, se conoce que su puntuación, X, se comporta siguiendo una distribución Normal con media $\mu = 75$. Existen razones para pensar que en aquellos jóvenes con mayor propensión a la delincuencia las puntuaciones son superiores.

Queremos aplicar la técnica de los contrastes de hipótesis. Al ser conocida la distribución de la variable que estudiamos (Normal), y querer estudiar los posibles valores para el parámetro *media poblacional*, usaremos un contraste *paramétrico*. Parece lógico pensar que nos interesa poner en contraste la hipótesis nula $H_0 : \mu = 75$ frente a la alternativa $H_1 : \mu > 75$

$$H_0 : \mu = 75$$
$$H_1 : \mu > 75$$

En este caso, la hipótesis nula es *simple*, mientras que la hipótesis alternativa es *compuesta*. Se trata, además, de un contraste *unilateral*.

Partimos de que la puntuación media de la prueba es la dada por la hipótesis nula ($\mu = 75$). Si los resultados obtenidos a partir de una muestra difieren notablemente de los esperados bajo tal hipótesis nula, nos veremos obligados a rechazarla y aceptar la hipótesis alternativa.

En los contrastes paramétricos, la hipótesis nula especifica cierto/s valor/es para el parámetro poblacional de una variable aleatoria de la que conocemos su modelo de distribución.

La forma de proceder consiste en, a partir de la información aportada por una muestra aleatoria simple, evaluar un estimador (estadístico) del citado parámetro. Si hay una "notable" diferencia entre el valor obtenido y el valor indicado en la hipótesis nula, concluiremos que existe una discrepancia significativa entre lo previsto por la hipótesis nula y lo observado con los datos muestrales, lo

que supondrá el rechazo de la hipótesis nula. Si por el contrario ambos valores son "parecidos", se concluirá que no tenemos evidencia para rechazarla.

Se obtienen entonces dos regiones mutuamente excluyentes llamadas región crítica y región de aceptación.

Definición 9.2 *Se llama región crítica o región de rechazo, R_C, al conjunto de valores del estadístico del contraste que nos lleva a rechazar la hipótesis nula.*

Definición 9.3 *Se llama región de aceptación, R_A, al conjunto de valores del estadístico del contraste que nos lleva a no rechazar la hipótesis nula.*

Curiosidad

La metodología actual de contrastes de hipótesis es el resultado de los trabajos de R.A. Fisher, J. Neymann y E. Pearson entre 1920 y 1933. Su lógica es similar a la de un juicio penal donde debe decidirse si el acusado es culpable o inocente. En un juicio la hipótesis nula, que trataremos de mantener a no ser que las pruebas demuestren lo contrario, es que el acusado es inocente. El juicio consiste en aportar evidencia suficiente para rechazar la hipótesis nula de inocencia más allá de cualquier duda razonable.

OBSERVACIÓN 9.1

(a) *El rechazo de la hipótesis nula equivale a la aceptación de la alternativa.*

(b) *El rechazo o no de la hipótesis nula debe entenderse en el sentido de que la muestra ha proporcionado evidencia suficiente para ello.*

Cuando se realiza un contraste de hipótesis pueden producirse dos tipos de errores.

Definición 9.4 *Se llama Error de tipo I al que se comete cuando se rechaza H_0 siendo cierta.*

Definición 9.5 *Se denomina Error de tipo II al error que se comete cuando no se rechaza H_0 siendo falsa.*

La tabla siguiente muestra las distintas situaciones que pueden presentarse al realizar un contraste de hipótesis.

	H_0 cierta	H_0 falsa
Rechazar H_0	Error de tipo I	Decisión correcta
No rechazar H_0	Decisión correcta	Error de tipo II

Definición 9.6 *Se llama nivel de significación o tamaño de la región crítica para un contraste a*

$$\alpha = P(Error\ de\ tipo\ I) = P(Rechazar\ H_0 \mid H_0\ es\ cierta)$$

El nivel de significación se especifica antes de tomar la muestra, de manera que los resultados obtenidos no influyan en su elección. De manera análoga podemos escribir

$$\beta = P(Error\ de\ tipo\ II) = P(No\ rechazar\ H_0 \mid H_0\ es\ falsa)$$

Definición 9.7 *Definimos la potencia de un contraste como*

$$P(Rechazar\ H_0 \mid H_0\ es\ falsa) = 1 - \beta = 1 - P(Error\ de\ tipo\ II)$$

Cuando se realiza un contraste de hipótesis, lo ideal sería que las probabilidades de ambos tipos de error, α y β, fuesen lo más pequeñas posible. Sin embargo no es posible la minimización simultánea de ambas. Lo que suele hacerse en la práctica es controlar el error más importante (Error de tipo I) y minimizar el otro. Se fija el nivel de significación, α, y tratamos de obtener el contraste que haga máxima la potencia.

9.2. Pasos para la realización de un contraste

(a) Planteamos el contraste indicando las hipótesis nula y alternativa.

(b) Seleccionamos una medida de la discrepancia o estadístico del contraste, d, que mida la discrepancia entre el valor del parámetro propuesto en la hipótesis nula y el que podríamos deducir en base a la muestra. Se necesita conocer la distribución en el muestreo del estadístico d supuesto que H_0 es cierta. Esta medida evaluada con la muestra la simbolizaremos con d_M.

(c) Usando el nivel de significación α fijado inicialmente, determinamos la región crítica del contraste, R_C.

(d) Obtenemos las conclusiones de tipo estadístico observando si la medida de la discrepancia obtenida pertenece o no a la región crítica.

Si d_M pertenece a la región crítica del contraste, esto es, si la diferencia entre lo que esperamos de acuerdo a H_0 y lo que observamos en la muestra es muy grande como para ser atribuido al azar, entonces rechazaremos H_0.

Si por el contrario no pertenece a la región crítica del contraste, la diferencia entre lo que esperamos de acuerdo con la hipótesis nula y lo que observamos en la muestra es pequeña, y por tanto, atribuible al azar. Entonces, la conclusión será no rechazar H_0.

(e) Obtenemos las conclusiones de naturaleza no estadística acordes al enunciado del problema.

OBSERVACIÓN 9.2 *La conclusión de un contraste depende del valor de α que hayamos elegido, dado que dicho valor determina la región crítica.*

Si en un determinado contraste $d_M = 6.3$ y $R_C = (6.1, +\infty)$, la conclusión sería rechazar H_0. Si para otro valor del nivel de significación R_C fuese $(2.3, +\infty)$, la conclusión sería la misma pero no así el grado de evidencia que la muestra aporta en contra de H_0.

Teniendo en cuenta las reflexiones contempladas en la observación 9.2 la mayoría de los paquetes estadísticos incorporan el concepto de p-valor.

Definición 9.8 *Se define el p-valor de un contraste como la probabilidad de obtener una observación muestral más incompatible con H_0 que la observada. Es decir, es el menor nivel de significación con el que debe rechazarse H_0.*

OBSERVACIÓN 9.3

(a) *Mientras que el nivel de significación se fija a priori, el p-valor se determina a partir de la información muestral.*

(b) *Un p-valor grande nos indica que nuestro resultado muestral no es muy diferente del resultado predicho por la hipótesis nula. Un p-valor pequeño indica que, asumiendo que H_0 es cierta, la diferencia entre el resultado muestral y lo predicho por H_0 no puede ser atribuido solamente al azar. Es por ello que deberíamos rechazar la hipótesis nula.*

Cuanto menor sea el p-valor, menor será la probabilidad de aparición de una discrepancia como la observada, y menor credibilidad tendrá la hipótesis nula.

(c) *En la práctica, se compara el p-valor con el nivel de significación α:*

   (i) *Si p-valor $< \alpha$ entonces rechazamos H_0.*

   (ii) *Si p-valor $\geq \alpha$ entonces no rechazamos H_0.*

(d) *La elección del nivel de significación, α, por parte del investigador dependerá de la importancia que otorgue a que la hipótesis nula sea rechazada incorrectamente. Los valores más usuales para α son 0.01 y 0.05.*

Habitualmente suele decirse que un contraste es estadísticamente significativo si el p-valor es inferior a 0.05, y muy significativo si es inferior a 0.01.

(e) *Con el p-valor se comparan probabilidades (áreas) mientras que con la región crítica comparamos valores de la variable (abscisas).*

OBSERVACIÓN 9.4 *En ocasiones los estudiantes de Criminología obtienen en sus análisis p-valores ligeramente por encima del valor del nivel de significación, por ejemplo $p = 0.06 \geq \alpha = 0.05$, lo que implica que el contraste sea no significativo, generando, en algunos casos, dudas por parte del estudiante.*

En estas dudas subyace el haber comprometido todo nuestro estudio en términos de superar o no una cota arbitraria: el nivel de significación. Si esto sucediera, el estudiante deberá seguir con el razonamiento científico, pudiendo argumentar su trabajo en los siguientes términos:

(a) *El diseño del estudio. ¿El diseño del estudio es el adecuado?*

(b) *Calidad de las medidas. ¿El mecanismo de selección y registro de muestras es adecuado?*

(c) *¿Existen evidencias externas del fenómeno que estamos estudiando? (evidencias previas en bibliografía).*

(d) *Validez de las hipótesis asumidas y que subyacen en el análisis de datos.*

Para más información léase McShane y col. [McS+19].

9.3. Contrastes de hipótesis en poblaciones Normales

Análogamente a como hicimos en el caso de los intervalos de confianza, obtendremos, en primer lugar, contrastes de hipótesis supuesto que la variable de interés sigue una distribución Normal.

Consideremos una población descrita por la variable aleatoria $X \sim \mathcal{N}(\mu, \sigma)$ y sea $(X_1, X_2, \ldots, X_n)$ una m.a.s. extraída de dicha población.

9.3.1 Contrastes para la media

Varianza poblacional, σ^2, conocida

El estadístico del contraste (medida de la discrepancia), supuesta H_0 cierta, será

$$d = Z_{exp} = \frac{\overline{X} - \mu_0}{\sigma} \sqrt{n} \sim \mathcal{N}(0, 1)$$

y, para un nivel de significación α, las regiones críticas para los diferentes tipos de contrastes aparecen recogidas en la siguiente tabla:

Contraste		Región crítica
$H_0 : \mu = \mu_0$ $H_1 : \mu \neq \mu_0$		$(-\infty, z_{\alpha/2}) \cup (z_{1-\alpha/2}, +\infty)$
$H_0 : \mu \geq \mu_0$ $H_1 : \mu < \mu_0$	$H_0 : \mu = \mu_0$ $H_1 : \mu < \mu_0$	$(-\infty, z_\alpha)$
$H_0 : \mu \leq \mu_0$ $H_1 : \mu > \mu_0$	$H_0 : \mu = \mu_0$ $H_1 : \mu > \mu_0$	$(z_{1-\alpha}, +\infty)$

Ejemplo 9.3.1 ✏

Cuando un test sobre el comportamiento delictivo se aplica a la población juvenil en general, se sabe que la variable X= "puntuación obtenida en el test", $X \sim \mathcal{N}(72, 10)$. Existen razones para pensar que en aquellos jóvenes con mayor propensión a la delincuencia las puntuaciones en el test son superiores. Para comprobarlo, se tomó una m.a.s. formada por 36 jóvenes conflictivos y se les sometió al test obteniendo las puntuaciones siguientes:

87.7	70.6	66.0	80.5	77.9	82.7	88.2	98.7	89.4
67.2	64.7	73.2	83.1	78.2	80.7	63.9	75.3	64.4
87.9	63.3	76.7	59.8	84.2	69.9	83.2	61.4	76.2
63.8	68.8	93.9	60.1	78.5	78.2	93.6	88.3	78.8

Con un nivel de significación del 5 %, ¿son fundadas nuestras sospechas?

(a) Planteamos el contraste

$$H_0 : \mu = 72$$
$$H_1 : \mu > 72$$

(b) Como σ es conocida, el estadístico del contraste es

$$d = Z_{exp} = \frac{\overline{X} - \mu_0}{\sigma} \sqrt{n}$$

y sustituyendo $\mu_0 = 72, \sigma = 10, \overline{x} = 76.64$, obtenida de la muestra, y $n = 36$, se obtiene

$$d_M = \frac{76.64 - 72}{10} \sqrt{36} = 2.784$$

(c) La región crítica o región de rechazo, con un $\alpha = 0.05$ es

$$R_C = (z_{1-\alpha}, +\infty) = (z_{0.95}, +\infty) = (1.6448, +\infty)$$

(d) Como $d_M = 2.784 \in R_C$, ya que $d_M = 2.784 > 1.6448$, entonces rechazamos la hipótesis nula con un nivel de significación del 5 %.

(e) Con un nivel de significación del 5 % podemos afirmar que la puntuación media en el test de los jóvenes con mayor propensión a la delincuencia es superior a 72 puntos.

Si utilizamos el p-valor tendremos que calcular

$$p = P[d > d_M] = P[Z > 2.784] = 0.0027$$

Como $p = 0.0027 < \alpha = 0.05$ entonces rechazamos H_0 con un nivel de significación del 5 %. Nótese que se trata de un contraste muy significativo al ser su p-valor inferior a 0.01.

En la figura 9.1 representamos gráficamente la relación entre el p-valor, el nivel de significación y la región crítica.

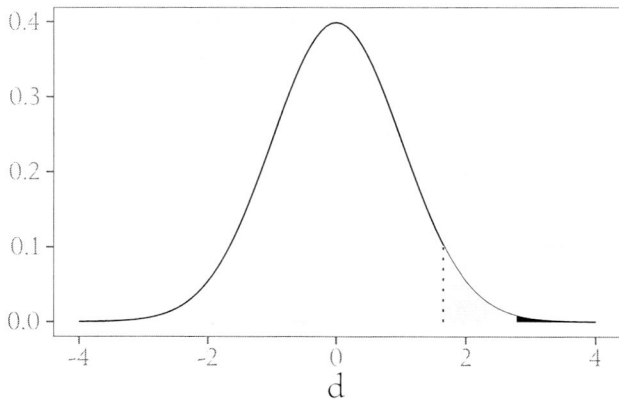

Figura 9.1: El área sombreada en gris corresponde con el nivel de significación ($\alpha = 0.05$) y el área sombreada en negro se corresponde con el p-valor obtenido ($p = 0.0027$). La línea punteada indica el inicio de la región crítica en el eje horizontal ($R_C = (1.6448, +\infty)$).

Varianza poblacional, σ^2, desconocida

El estadístico del contraste (medida de la discrepancia), supuesta H_0 cierta, en este caso es

$$d = t_{exp} = \frac{\overline{X} - \mu_0}{S_c} \sqrt{n} \sim t_{n-1}$$

y, para un nivel de significación α, las regiones críticas para los diferentes tipos de contrastes aparecen recogidas en la siguiente tabla:

Contraste		Región crítica
$H_0 : \mu = \mu_0$ $H_1 : \mu \neq \mu_0$		$(-\infty, t_{n-1;\alpha/2}) \cup (t_{n-1;1-\alpha/2}, +\infty)$
$H_0 : \mu \geq \mu_0$ $H_1 : \mu < \mu_0$	$H_0 : \mu = \mu_0$ $H_1 : \mu < \mu_0$	$(-\infty, t_{n-1;\alpha})$
$H_0 : \mu \leq \mu_0$ $H_1 : \mu > \mu_0$	$H_0 : \mu = \mu_0$ $H_1 : \mu > \mu_0$	$(t_{n-1;1-\alpha}, +\infty)$

Ejemplo 9.3.2

Supongamos que en el ejemplo 9.3.1 la desviación típica poblacional, σ, fuese desconocida, es decir, X = "puntuación obtenida en el test" $\sim \mathcal{N}(72, \sigma)$. La información obtenida a partir de la muestra se vuelve a proporcionar en la tabla siguiente:

87.7	70.6	66.0	80.5	77.9	82.7	88.2	98.7	89.4
67.2	64.7	73.2	83.1	78.2	80.7	63.9	75.3	64.4
87.9	63.3	76.7	59.8	84.2	69.9	83.2	61.4	76.2
63.8	68.8	93.9	60.1	78.5	78.2	93.6	88.3	78.8

Con un nivel de significación del 10 %, ¿son fundadas nuestras sospechas de que en jóvenes con mayor propensión a la delincuencia las puntuaciones en el test son superiores a 72 puntos?

(a) Planteamos el contraste

$$H_0 : \mu = 72$$
$$H_1 : \mu > 72$$

(b) Como σ es desconocida, el estadístico del contraste es

$$d = t_{exp} = \frac{\overline{X} - \mu_0}{S_c}\sqrt{n}$$

Sustituimos en la expresión anterior $\mu_0 = 72$, $\overline{x} = 76.64$ y $S_c = 10.59$, ambas obtenidas de la muestra, y $n = 36$, se obtiene

$$d_M = \frac{76.64 - 72}{10.59}\sqrt{36} = 2.6289$$

(c) La región crítica o región de rechazo, con un $\alpha = 0.10$ es

$$R_C = (t_{n-1;1-\alpha}, +\infty) = (t_{35;0.90}, +\infty) = (1.3062, +\infty)$$

(d) Como $d_M = 2.6289 \in R_C$, ya que $d_M = 2.6289 > 1.3062$, entonces rechazamos la hipótesis nula con un nivel de significación del 10 %.

(e) Podemos afirmar que la puntuación media en el test de los jóvenes con mayor propensión a la delincuencia es superior a 72 puntos con un nivel de significación del 10 % .

Para concluir con el p-valor tendremos que calcular:

$$p = P[d > d_M] = P[d > 2.6289] = P[t_{35} > 2.6289] = 0.00631938$$

Como $p = 0.00631938 < \alpha = 0.10$ entonces rechazamos H_0 con un nivel de significación del 10 %. Se trata de un contraste muy significativo al ser su p-valor inferior a 0.01.

El anterior contraste de hipótesis puede calcularse directamente con R commander. Una vez introducidos los datos basta con pulsar los menús Estadísticos → Medias → Test t para una muestra.... Después marcamos las opciones:

- Hipótesis alternativa: media poblacional >mu0

- Hipótesis Nula: mu = 72.

El nivel de confianza no hace falta modificarlo ya que no interviene en el cálculo del contraste.

En este caso obtendremos del programa el siguiente resultado

```
> t.test(datos$x, mu = 72, alternative = "greater")

One Sample t-test

data:  datos$x
t = 2.6284, df = 35, p-value = 0.006327
alternative hypothesis: true mean is greater than 72
95 percent confidence interval:
 73.65695       Inf
sample estimates:
mean of x
 76.63889
```

Observamos que obtenemos los valores p-valor= 0.006327 y $d_M = 2.6284$ como los obtenidos de forma manual.

Población no necesariamente Normal, y muestra con $n \geq 30$

En este caso, y en base a lo expresado en la observación 6.3, en ausencia de la hipótesis de normalidad y para muestras grandes ($n \geq 30$), la distribución del estadístico del contraste, supuesta H_0 cierta, sería aproximadamente normal.

Es decir,

$$d = Z_{exp} = \frac{\overline{X} - \mu_0}{S_c}\sqrt{n} \sim \mathcal{N}(0, 1)$$

y, para un nivel de significación α, las regiones críticas para los diferentes tipos de contrastes aparecen recogidas en la siguiente tabla:

Contraste		Región crítica
$H_0 : \mu = \mu_0$ $H_1 : \mu \neq \mu_0$		$(-\infty, z_{\alpha/2}) \cup (z_{1-\alpha/2}, +\infty)$
$H_0 : \mu \geq \mu_0$ $H_1 : \mu < \mu_0$	$H_0 : \mu = \mu_0$ $H_1 : \mu < \mu_0$	$(-\infty, z_\alpha)$
$H_0 : \mu \leq \mu_0$ $H_1 : \mu > \mu_0$	$H_0 : \mu = \mu_0$ $H_1 : \mu > \mu_0$	$(z_{1-\alpha}, +\infty)$

Ejemplo 9.3.3

En el artículo "Fear of Crime Among Korean Americans in Chicago communities" [LU00] se analiza el temor ante el delito entre los ciudadanos estadounidenses de origen coreano que viven en Chicago. Para valorarlo los investigadores idearon cierta medida cuyos valores pueden oscilar entre 11 y 110 unidades. Se tiene la sospecha de que en la población en estudio la puntuación media es inferior a 82 puntos. Tomada una muestra de 721 ciudadanos la puntuación media muestral fue de 81.05 con una cuasidesviación típica de 23.43. Usando un nivel de significación $\alpha = 0.01$, realizaremos el oportuno contraste para ver si es cierta la sospecha planteada.

(a) Planteamos el contraste

$$H_0 : \mu \geq 82$$
$$H_1 : \mu < 82$$

(b) Teniendo en cuenta que no sabemos si la población sigue o no una distribución Normal y como $n = 721 \geq 30$, el estadístico del contraste es

$$d = Z_{exp} = \frac{\overline{X} - \mu_0}{S_c}\sqrt{n}$$

Sustituimos en la expresión anterior $\mu_0 = 82$, $\bar{x} = 81.05$, $s_c = 23.43$ y $n = 721$, obteniéndose

$$d_M = \frac{81.05 - 82}{23.43}\sqrt{721} = -1.0887$$

(c) La región crítica o región de rechazo, con un $\alpha = 0.01$ es

$$R_C = (-\infty, z_\alpha) = (-\infty, z_{0.01}) = (-\infty, -2.3263)$$

(d) Como $d_M = -1.0887 \notin R_C$, ya que $d_M = -1.0887 \geq -2.3263$, entonces no tenemos evidencias para rechazar la hipótesis nula con un nivel de significación del 1 %.

(e) Podemos afirmar que la puntuación media en el test considerado es mayor, o igual, a 82 puntos con un nivel de significación del 1 % .

Si utilizamos el p-valor tendremos:

$$p = P[d < d_M] = P[d < -1.0887] = P[Z < -1.0887] = 0.1381$$

Como $p = 0.1381 \geq \alpha = 0.01$ entonces no rechazamos H_0 con un nivel de significación del 1 %.

En la figura 9.2 representamos gráficamente la relación entre el p-valor, el nivel de significación y la región crítica.

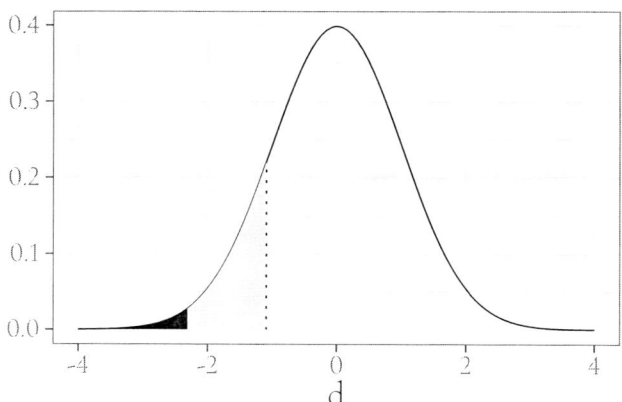

Figura 9.2: El área sombreada en negro corresponde con el nivel de significación ($\alpha = 0.01$) y delimita claramente la región crítica en el eje horizontal ($R_C = (-\infty, -2.3263)$). La línea punteada indica el valor de la medida de discrepancia en el eje horizontal ($d_M = -1.0887$) y el final del área que se corresponde con el p-valor obtenido ($p = 0.1381$).

9.3.2   Contrastes para la varianza

Media poblacional, μ, desconocida

La distribución del estadístico del contraste, supuesta H_0 cierta, será:

$$d = \chi^2_{exp} = \frac{(n-1)S_c^2}{\sigma_0^2} \sim \chi^2_{n-1}$$

y, para un nivel de significación α, las regiones críticas para los diferentes tipos de contrastes aparecen recogidas en la siguiente tabla:

Contraste		Región crítica
$H_0 : \sigma^2 = \sigma_0^2$ $H_1 : \sigma^2 \neq \sigma_0^2$		$[0, \chi_{n-1;\alpha/2}^2) \cup (\chi_{n-1;1-\alpha/2}^2, +\infty)$
$H_0 : \sigma^2 \geq \sigma_0^2$ $H_1 : \sigma^2 < \sigma_0^2$	$H_0 : \sigma^2 = \sigma_0^2$ $H_1 : \sigma^2 < \sigma_0^2$	$[0, \chi_{n-1;\alpha}^2)$
$H_0 : \sigma^2 \leq \sigma_0^2$ $H_1 : \sigma^2 > \sigma_0^2$	$H_0 : \sigma^2 = \sigma_0^2$ $H_1 : \sigma^2 > \sigma_0^2$	$(\chi_{n-1;1-\alpha}^2, +\infty)$

Ejemplo 9.3.4

Utilizando los datos proporcionados en el ejemplo 9.3.2 vamos a plantear y resolver un contraste para la varianza poblacional con el objetivo de estudiar si podemos asumir que $\sigma^2 < 200$. Recordando que $X=$ "puntuación obtenida en el test" se distribuye normalmente, y que la información obtenida a partir de la muestra es la que se ofrece en la tabla siguiente:

87.7	70.6	66.0	80.5	77.9	82.7	88.2	98.7	89.4
67.2	64.7	73.2	83.1	78.2	80.7	63.9	75.3	64.4
87.9	63.3	76.7	59.8	84.2	69.9	83.2	61.4	76.2
63.8	68.8	93.9	60.1	78.5	78.2	93.6	88.3	78.8

Con un nivel de significación del 5 %, ¿son fundadas nuestras sospechas?

(a) Planteamos el contraste

$$H_0 : \sigma^2 \geq 200$$
$$H_1 : \sigma^2 < 200$$

(b) El estadístico del contraste es

$$d = \chi_{exp}^2 = \frac{(n-1)S_c^2}{\sigma_0^2}$$

Sustituimos en la expresión anterior $\sigma_0^2 = 200$, $s_c = 10.59$ y $n = 36$, obteniéndose

$$d_M = \frac{35 \cdot 10.59^2}{200} = 19.6259$$

(c) La región crítica o región de rechazo, con un $\alpha = 0.05$ es

$$R_C = [0, \chi_{35;0.05}^2) = [0\,,\, 22.46)$$

(d) Como $d_M = 19.6259 \in R_C$, ya que $d_M = 19.6259 < 22.46$, entonces rechazamos la hipótesis nula con un nivel de significación del 5 %.

(e) Podemos asumir $\sigma^2 < 200$ con un nivel de significación del 5 %.

Utilizando el p-valor tendremos:

$$p = P[d < d_M] = P[d < 19.6259] = P[\chi_{35}^2 < 19.6259] = 0.0168$$

Como $p = 0.0168 < \alpha = 0.05$ entonces rechazamos H_0 con un nivel de significación del 5 %. En este caso se trata de un contraste estadísticamente significativo ya que su p-valor es inferior a 0.05 y no es muy significativo al ser superior a 0.01.

El anterior contraste de hipótesis puede calcularse directamente con R commander. Una vez introducidos los datos pulsamos los menús Estadísticos → Varianzas → Test de varianza para una muestra. En la ventana emergente indicamos:

- Hipótesis alternativa: varianza poblacional $< \sigma_0^2$

- Hipótesis Nula: $\sigma^2 = 200$

De nuevo hacemos notar que el nivel de confianza no hace falta modificarlo ya que no interviene en el cálculo del contraste. Obtendremos como resultado:

```
> sigma.test(datos$x, sigma = sqrt(200),
    alternative = "less")

One sample Chi-squared test for variance

data:  datos$x
X-squared = 19.624, df = 35, p-value = 0.0168
alternative hypothesis: true variance is less than 200
95 percent confidence interval:
    0.0000 174.7057
sample estimates:
var of datos$x
      112.1362
```

Por tanto, al obtener $d_M = 19.624$ y p-valor= 0.0168, podemos realizar la misma conclusión que la expuesta con anterioridad.

Media poblacional, μ, conocida

En el caso de que la media poblacional, μ, sea conocida la distribución del estadístico del contraste, supuesta H_0 cierta, será:

$$d = \chi^2_{exp} = \frac{\sum_{i=1}^{n} (X_i - \mu)^2}{\sigma_0^2} \sim \chi^2_n$$

y, para un nivel de significación α, las regiones críticas para los diferentes tipos de contrastes aparecen recogidas en la siguiente tabla:

Contraste		Región crítica
$H_0 : \sigma^2 = \sigma_0^2$ $H_1 : \sigma^2 \neq \sigma_0^2$		$[0, \chi^2_{n;\alpha/2}) \cup (\chi^2_{n;1-\alpha/2}, +\infty)$
$H_0 : \sigma^2 \geq \sigma_0^2$ $H_1 : \sigma^2 < \sigma_0^2$	$H_0 : \sigma^2 = \sigma_0^2$ $H_1 : \sigma^2 < \sigma_0^2$	$[0, \chi^2_{n;\alpha})$
$H_0 : \sigma^2 \leq \sigma_0^2$ $H_1 : \sigma^2 > \sigma_0^2$	$H_0 : \sigma^2 = \sigma_0^2$ $H_1 : \sigma^2 > \sigma_0^2$	$(\chi^2_{n;1-\alpha}, +\infty)$

9.4. Contrastes para la proporción en una población Bernoulli

Los siguientes contrastes son asintóticos en el sentido de que la distribución del estadístico la obtendremos pasando al límite y por tanto necesitaremos tamaños de muestras suficientemente grandes para que puedan ser tomados como válidos.

Sea una población descrita por la variable aleatoria $X \sim \mathcal{B}e(p) \equiv \mathcal{B}(1, p)$ y consideremos $(X_1, X_2, \ldots, X_n)$ una m.a.s. extraída de dicha población. Sabemos que el estimador proporción muestral de éxitos es el dado por la expresión,

$$\widehat{p} = \overline{p} = \frac{\text{n}^o \text{ de éxitos en la muestra}}{n}$$

y usamos como estadístico del contraste, supuesta H_0 cierta:

$$d = Z_{exp} = \frac{\overline{p} - p_0}{\sqrt{\dfrac{p_0 (1 - p_0)}{n}}} \sim \mathcal{N}(0, 1) \quad \text{si} \quad n \to \infty$$

Contraste		Región crítica
$H_0 : p = p_0$ $H_1 : p \neq p_0$		$(-\infty, z_{\alpha/2}) \cup (z_{1-\alpha/2}, +\infty)$
$H_0 : p \geq p_0$ $H_1 : p < p_0$	$H_0 : p = p_0$ $H_1 : p < p_0$	$(-\infty, z_{\alpha})$
$H_0 : p \leq p_0$ $H_1 : p > p_0$	$H_0 : p = p_0$ $H_1 : p > p_0$	$(z_{1-\alpha}, +\infty)$

OBSERVACIÓN 9.5 *En la práctica, para obtener una buena aproximación suele usarse como criterio que* $n \geq 30$.

Ejemplo 9.4.1

Una fundación patrocina un nuevo programa educativo que se ha implantado en las prisiones de cierto país. La fundación sostiene que será exitoso en el 65 % de la población reclusa matriculada, considerando éxito el hecho de que se complete un curso de seis meses de duración del citado programa.

Contrastes para la proporción en una población Bernoulli

Se decide tomar una muestra aleatoria simple de tamaño 36, de la que se obtuvo:

EX	FR	EX	EX	EX	EX	EX	FR	FR
EX	FR	FR	EX	EX	EX	EX	EX	EX
EX	EX	EX	EX	EX	EX	EX	EX	EX
EX	FR	FR	EX	EX	EX	EX	EX	EX

donde EX representa éxito y FR fracaso. En nuestro caso son 29 reclusos los que completaron satisfactoriamente el curso (29 éxitos). Con un nivel de significación del 5 %, ¿qué puede decirse acerca de la afirmación realizada por la citada fundación?

(a) Para plantear el contraste debemos tener en cuenta la información muestral $\overline{p} = \dfrac{29}{36} > 0.65$. Entonces proponemos:

$$H_0 : p = 0.65$$
$$H_1 : p > 0.65$$

(b) Como $n = 36 \geq 30$, el estadístico del contraste es

$$d = Z_{exp} = \frac{\overline{p} - p_0}{\sqrt{\dfrac{p_0 \left(1 - p_0\right)}{n}}}$$

Sustituimos en la expresión anterior $p_0 = 0.65, \overline{p} = \dfrac{29}{36} \approx 0.8056$, obtenida de la muestra, y $n = 36$. Se obtiene

$$d_M = \frac{0.8056 - 0.65}{\sqrt{\dfrac{0.65 \cdot 0.35}{36}}} = 1.9573$$

(c) La región crítica o región de rechazo, con un $\alpha = 0.05$ es

$$R_C = (z_{1-\alpha}, +\infty) = (z_{0.95}, +\infty) = (1.6448, +\infty)$$

(d) Como $d_M = 1.9573 \in R_C$, ya que $d_M = 1.9573 > 1.6448$, entonces rechazamos la hipótesis nula con un nivel de significación del 5 %.

(e) Podemos afirmar, con un nivel de significación del 5 %, que el programa será exitoso en un porcentaje superior al 65 % de la población reclusa matriculada.

Usando el p-valor tendremos que calcular:

$$p = P[d > d_M] = P[d > 1.9573] = P[Z > 1.9573] = 0.0252$$

Como $p = 0.0252 < \alpha = 0.05$ debemos rechazar H_0 con un nivel de significación del 5 %. En este caso como el p-valor es inferior a 0.05 se trata de un contraste estadísticamente significativo, pero no es muy significativo al ser superior a 0.01.

Para resolver el ejercicio con el programa podemos usar dos opciones, mediante R commander o directamente ejecutando instrucciones de R.

Si quisiéramos realizar este ejercicio en R commander primero introducimos los valores de la misma forma que en el ejemplo 7.4.1 y después pulsamos en el menú

`Estadísticos → Proporciones → Test de proporciones para una muestra...`

Aparecerá una nueva ventana con dos pestañas; en la primera elegimos la variable en la cual están los datos; en la segunda pestaña elegiremos:

- `Hipótesis Alternativa: Prop. de la población >p0`

- `Hipótesis Nula: p = 0.65`

- `Tipo de prueba: Aproximación Normal`

El nivel de confianza dejamos el marcado por defecto.

Para resolver el problema mediante instrucciones directas nos basta con conocer el número de éxitos en nuestra muestra (29) y el número total de datos (36). Utilizando la instrucción

```
prop.test(29, 36, p=0.65, alternative = "greater",
correct = FALSE)
```

En ambos casos obtendremos el resultado mostrado a continuación

```
1-sample proportions test
without continuity correction

data:  29 out of 36, null probability 0.65
X-squared = 3.8291, df = 1, p-value = 0.02519
alternative hypothesis: true p is greater than 0.65
95 percent confidence interval:
 0.6774022 1.0000000
sample estimates:
        p
0.8055556
```

En el resultado podemos observar que el p-valor$= 0.0252$ coincide con el obtenido de forma manual.

9.5. Relación entre intervalos y contrastes

Una vez finalizado tanto el estudio de los intervalos de confianza como el de los contrastes de hipótesis paramétricas en una población, parece adecuado realizar una importante reflexión sobre la relación entre ambas técnicas.

Para una mejor comprensión vamos a verlo con un ejemplo. En concreto usaremos el contraste

$$H_0 : \mu = \mu_0$$
$$H_1 : \mu \neq \mu_0$$

para una población $\mathcal{N}(\mu, \sigma)$ con σ conocida, comparándolo con el correspondiente intervalo de confianza para el parámetro μ.

Sea el intervalo $IC_{1-\alpha}(\mu) = \left[\overline{X} - z_{1-\alpha/2} \dfrac{\sigma}{\sqrt{n}}, \ \overline{X} + z_{1-\alpha/2} \dfrac{\sigma}{\sqrt{n}} \right]$. Si un

determinado valor de μ, digamos μ_0, pertenece a $IC_{1-\alpha}(\mu)$, se tiene que

$$\overline{X} - z_{1-\alpha/2}\frac{\sigma}{\sqrt{n}} \leq \mu_0 \leq \overline{X} + z_{1-\alpha/2}\frac{\sigma}{\sqrt{n}}$$

Si pretendemos contrastar las hipótesis

$$H_0 : \mu = \mu_0$$
$$H_1 : \mu \neq \mu_0$$

recordemos que el estadístico del contraste es $d = Z_{exp} = \dfrac{\overline{X} - \mu_0}{\sigma}\sqrt{n}$ y que la región crítica asociada a dicho contraste, usando un nivel de significación α, es $(-\infty, z_{\alpha/2}) \cup (z_{1-\alpha/2}, +\infty)$.

Si $d \notin RC$, no debemos rechazar H_0 para un nivel de significación α. Esto querría decir que

$$z_{\alpha/2} \leq \frac{\overline{X} - \mu_0}{\sigma}\sqrt{n} \leq z_{1-\alpha/2}$$

y teniendo en cuenta que $z_{\alpha/2} = -z_{1-\alpha/2}$, se tiene que

$$\overline{X} - z_{1-\alpha/2}\frac{\sigma}{\sqrt{n}} \leq \mu_0 \leq \overline{X} + z_{1-\alpha/2}\frac{\sigma}{\sqrt{n}}$$

Es decir, $\mu_0 \in IC_{1-\alpha}(\mu)$.

En caso de que $d \in RC$ para ese nivel de significación α, la hipótesis nula debe ser rechazada y, siguiendo un razonamiento similar, concluiríamos que $\mu_0 \notin IC_{1-\alpha}(\mu)$.

En resumen, los valores del parámetro no rechazados por el contraste para un nivel de significación α, son los puntos del intervalo calculado con un nivel de confianza $1 - \alpha$, y viceversa.

OBSERVACIÓN 9.6

(a) *En los intervalos se contesta a la pregunta de con qué precisión conocemos el parámetro y en los contrastes a la pregunta de si el parámetro pudiera tomar un valor determinado.*

(b) *Los intervalos tienen la ventaja frente a los contrastes de que siempre nos dan una idea de la zona en la que se va a encontrar el parámetro poblacional.*

Capítulo 10

Contrastes de hipótesis paramétricas en dos poblaciones

Contenidos

10.1. Contrastes de hipótesis para dos poblaciones Normales   .   231

10.2. Contrastes para la comparación de proporciones   247

10.1. Contrastes de hipótesis para dos poblaciones Normales

A continuación se obtendrán contrastes de hipótesis en el supuesto de que las variables de interés sigan distribuciones Normales independientes. Se considerarán dos poblaciones descritas por las variables aleatorias independientes $X \sim \mathcal{N}(\mu_1, \sigma_1)$ e $Y \sim \mathcal{N}(\mu_2, \sigma_2)$.

10.1.1 Contrastes para la comparación de medias

Sean dos variables aleatorias $X \sim \mathcal{N}(\mu_1, \sigma_1)$ e $Y \sim \mathcal{N}(\mu_2, \sigma_2)$, independientes, y consideremos que de cada una de ellas se extrae una m.a.s. que notaremos $(X_1, X_2, \ldots, X_{n_1})$ e $(Y_1, Y_2, \ldots, Y_{n_2})$, respectivamente.

Varianzas poblacionales σ_1^2 y σ_2^2 conocidas

El estadístico del contraste, supuesta H_0 cierta, es:

$$d = Z_{exp} = \frac{\overline{X} - \overline{Y}}{\sqrt{\dfrac{\sigma_1^2}{n_1} + \dfrac{\sigma_2^2}{n_2}}} \sim \mathcal{N}(0, 1)$$

y, para un nivel de significación α, las regiones críticas para los diferentes tipos de contrastes aparecen recogidas en la siguiente tabla:

Contraste		Región crítica
$H_0 : \mu_1 = \mu_2$ $H_1 : \mu_1 \neq \mu_2$		$(-\infty, z_{\alpha/2}) \cup (z_{1-\alpha/2}, +\infty)$
$H_0 : \mu_1 \geq \mu_2$ $H_1 : \mu_1 < \mu_2$	$H_0 : \mu_1 = \mu_2$ $H_1 : \mu_1 < \mu_2$	$(-\infty, z_{\alpha})$
$H_0 : \mu_1 \leq \mu_2$ $H_1 : \mu_1 > \mu_2$	$H_0 : \mu_1 = \mu_2$ $H_1 : \mu_1 > \mu_2$	$(z_{1-\alpha}, +\infty)$

Ejemplo 10.1.1

Se desean comparar las edades medias de los reclusos de los centros penitenciarios de dos CCAA. Se consideran las variables:

X = "edad de los reclusos de centros penitenciarios en Comun. Aut. A",
Y = "edad de los reclusos de centros penitenciarios en Comun. Aut. B",

de las que se conoce que se distribuyen según una Normal con desviaciones típicas 9 y 5 años, respectivamente. De cada comunidad autónoma se seleccionan al azar 50 reclusos, obteniéndose $\overline{x} = 41$ años e $\overline{y} = 38$ años. A la vista de la información proporcionada, queremos estudiar si pueden considerarse iguales las edades medias poblacionales en ambas comunidades autónomas con un nivel de significación del 5 %?

(a) Teniendo en cuenta la información muestral $\overline{x} = 41 > \overline{y} = 38$, planteamos el contraste

$$H_0 : \mu_1 = \mu_2$$
$$H_1 : \mu_1 > \mu_2$$

(b) El estadístico del contraste, supuesta H_0 cierta, es:

$$d = Z_{exp} = \frac{\overline{X} - \overline{Y}}{\sqrt{\dfrac{\sigma_1^2}{n_1} + \dfrac{\sigma_2^2}{n_2}}}$$

Sustituimos en la expresión anterior $\sigma_1 = 9$, $\sigma_2 = 5$, $\overline{x} = 41$, $\overline{y} = 38$, $n_1 = 50$ y $n_2 = 50$, obteniéndose

$$d_M = \frac{41 - 38}{\sqrt{\dfrac{9^2}{50} + \dfrac{5^2}{50}}} = 2.0604$$

(c) La región crítica o región de rechazo, con un $\alpha = 0.05$ es

$$R_C = (z_{1-\alpha}, +\infty) = (z_{0.95}, +\infty) = (1.6448, +\infty)$$

(d) Como $d_M = 2.0604 \in R_C$, entonces rechazamos la hipótesis nula con un nivel de significación del 5 %.

(e) Por tanto, podemos decir que la edad media de los reclusos de los centros penitenciarios de la comunidad autónoma A es superior a la edad media de los de la comunidad B, con un nivel de significación del 5 % .

Para concluir usando el p-valor tendremos que calcular:

$$p = P[d > d_M] = P[d > 2.0604] = P[Z > 2.0604] = 0.0197$$

Como $p = 0.0197 < \alpha = 0.05$ entonces rechazamos H_0 con un nivel de significación del 5 %. Se trata de un contraste estadísticamente significativo al ser el p-valor inferior a 0.05, pero no es muy significativo ya que es superior a 0.01.

Varianzas poblacionales σ_1^2 y σ_2^2 desconocidas y pueden suponerse iguales

En este caso el estadístico del contraste, supuesta H_0 cierta, es:

$$d = t_{exp} = \frac{\overline{X} - \overline{Y}}{\sqrt{\dfrac{(n_1 - 1)S_{c_1}^2 + (n_2 - 1)S_{c_2}^2}{n_1 + n_2 - 2} \cdot \dfrac{n_1 + n_2}{n_1 n_2}}} \sim t_{n_1 + n_2 - 2}$$

y, para un nivel de significación α, las regiones críticas para los diferentes tipos de contrastes aparecen recogidas en la siguiente tabla:

Contraste		Región crítica
$H_0 : \mu_1 = \mu_2$ $H_1 : \mu_1 \neq \mu_2$		$(-\infty, t_{m;\alpha/2}) \cup (t_{m;1-\alpha/2}, +\infty)$
$H_0 : \mu_1 \geq \mu_2$ $H_1 : \mu_1 < \mu_2$	$H_0 : \mu_1 = \mu_2$ $H_1 : \mu_1 < \mu_2$	$(-\infty, t_{m;\alpha})$
$H_0 : \mu_1 \leq \mu_2$ $H_1 : \mu_1 > \mu_2$	$H_0 : \mu_1 = \mu_2$ $H_1 : \mu_1 > \mu_2$	$(t_{m;1-\alpha}, +\infty)$

siendo $m = n_1 + n_2 - 2$.

OBSERVACIÓN 10.1 *En ausencia de la hipótesis de normalidad, y para muestras grandes ($n_1 \geq 30$ y $n_2 \geq 30$), el estadístico del contraste seguiría, aproximadamente, una distribución $\mathcal{N}(0, 1)$ y en las distintas regiones críticas se sustituiría el punto crítico de la distribución t-de Student por el correspondiente de la distribución Normal.*

Ejemplo 10.1.2 ✎

Se desean comparar las edades medias de los reclusos de los centros penitenciarios de dos CCAA. Se consideran las variables:

X = "edad de los reclusos de centros penitenciarios en Comun. Aut. A",
Y = "edad de los reclusos de centros penitenciarios en Comun. Aut. B",

de las que se conoce que se distribuyen normalmente con desviaciones típicas poblacionales desconocidas, aunque pueden suponerse iguales. De cada comunidad autónoma se seleccionan al azar 50 reclusos, obteniéndose
$\bar{x} = 41$ años, $s_{c_1} = 8.5$ años, $\bar{y} = 38$ años y $s_{c_2} = 9.6$ años. A la vista de
la información proporcionada, queremos estudiar si pueden considerarse
iguales las edades medias poblacionales en ambas comunidades autónomas
con un nivel de significación del 1 %?

(a) Teniendo en cuenta la información muestral $\bar{x} = 41 > \bar{y} = 38$,
planteamos el contraste

$$H_0 : \mu_1 = \mu_2$$
$$H_1 : \mu_1 > \mu_2$$

(b) El estadístico del contraste, supuesta H_0 cierta, es:

$$d = t_{exp} = \frac{\overline{X} - \overline{Y}}{\sqrt{\dfrac{(n_1 - 1)S_{c_1}^2 + (n_2 - 1)S_{c_2}^2}{n_1 + n_2 - 2} \cdot \dfrac{n_1 + n_2}{n_1 n_2}}}$$

Sustituyendo en la expresión anterior $s_{c_1} = 8.5, s_{c_2} = 9.6, \bar{x} = 41$,
$\bar{y} = 38, n_1 = 50$ y $n_2 = 50$, obtenemos

$$d_M = \frac{41 - 38}{\sqrt{\dfrac{49 \cdot 8.5^2 + 49 \cdot 9.6^2}{50 + 50 - 2} \cdot \dfrac{50 + 50}{50 \cdot 50}}} = 1.6544$$

(c) La región crítica o región de rechazo, con un $\alpha = 0.01$ es

$$R_C = (t_{m;1-\alpha}, +\infty) = (t_{98;0.99}, +\infty) = (2.3650, +\infty)$$

(d) Como $d_M = 1.6544 \notin R_C$, entonces la muestra no proporciona evidencia suficiente para rechazar la hipótesis nula con un nivel de significación del 1 %.

(e) Así es que, no podemos rechazar la igualdad de las edades medias de los reclusos de los centros penitenciarios de ambas comunidades autónomas, con un nivel de significación del 1 %.

Para concluir con el p-valor tendremos que calcular:

$$p = P[d > d_M] = P[d > 1.6544] = P[t_{98} > 1.6544] = 0.0506$$

Como $p = 0.0506 \geq \alpha = 0.01$ entonces no rechazamos H_0 con un nivel de significación del 1 %.

Varianzas poblacionales σ_1^2 y σ_2^2 desconocidas y se pueden suponer distintas

En este caso el estadístico del contraste, supuesta H_0 cierta, es:

$$d = t_{exp} = \frac{(\overline{X} - \overline{Y})}{\sqrt{\dfrac{S_{c_1}^2}{n_1} + \dfrac{S_{c_2}^2}{n_2}}} \sim t_g$$

siendo g el entero más próximo a

$$\frac{(T_1 + T_2)^2}{\dfrac{T_1^2}{n_1 - 1} + \dfrac{T_2^2}{n_2 - 1}} \quad \text{con } T_i = S_{c_i}^2/n_i \text{ para } i = 1, 2.$$

Para un nivel de significación α, las regiones críticas para los diferentes tipos de contrastes aparecen recogidas en la siguiente tabla:

Contraste		Región crítica
$H_0 : \mu_1 = \mu_2$ $H_1 : \mu_1 \neq \mu_2$		$(-\infty, t_{g;\alpha/2}) \cup (t_{g;1-\alpha/2}, +\infty)$
$H_0 : \mu_1 \geq \mu_2$ $H_1 : \mu_1 < \mu_2$	$H_0 : \mu_1 = \mu_2$ $H_1 : \mu_1 < \mu_2$	$(-\infty, t_{g;\alpha})$
$H_0 : \mu_1 \leq \mu_2$ $H_1 : \mu_1 > \mu_2$	$H_0 : \mu_1 = \mu_2$ $H_1 : \mu_1 > \mu_2$	$(t_{g;1-\alpha}, +\infty)$

OBSERVACIÓN 10.2 *En ausencia de la hipótesis de normalidad, y para muestras grandes ($n_1 \geq 30$ y $n_2 \geq 30$), el estadístico del contraste seguiría, aproximadamente, una distribución $\mathcal{N}(0, 1)$ y en las distintas regiones críticas se sustituiría el punto crítico de la distribución t-de Student por el correspondiente de la distribución Normal.*

Ejemplo 10.1.3 ✎ 🖳

Supongamos que dieciocho personas con problemas de drogadicción son asignadas aleatoriamente a dos formas de recibir un tratamiento. El grupo 1 está formado por aquellos que son hospitalizados, mientras que el grupo 2 lo componen aquellas personas que reciben un tratamiento extrahospitalario (ambulatorio). Durante un mes se recoge información sobre el número de positivos en el test de drogas. Se obtuvieron los siguientes resultados:

Grupo 1	2	1	3	1	2	2	4	2	0
Grupo 2	1	2	7	1	4	5	0	3	8

Suponemos que ambas poblaciones siguen aproximadamente distribuciones Normales independientes con desviaciones típicas poblacionales que pueden suponerse distintas (posteriormente se comprobará con el adecuado test). Vamos a plantear un contraste para comparar las medias poblacionales entre los grupos 1 y 2 con un nivel de significación del 5 %.

Consideremos las variables:

X = "número de positivos de los reclusos bajo tratamiento hospitalario",
Y = "número de positivos de los reclusos bajo tratamiento ambulatorio",

(a) Realizados los cálculos oportunos con la información muestral se

tiene $\overline{x} = 1.8889 < \overline{y} = 3.4444$, planteamos el contraste

$$H_0 : \mu_1 = \mu_2$$
$$H_1 : \mu_1 < \mu_2$$

(b) El estadístico del contraste, supuesta H_0 cierta, es:

$$d = t_{exp} = \frac{\overline{X} - \overline{Y}}{\sqrt{\dfrac{S_{c_1}^2}{n_1} + \dfrac{S_{c_2}^2}{n_2}}}$$

Sustituyendo en la expresión anterior $s_{c_1}^2 = 1.3611$, $s_{c_2}^2 = 7.7778$, $\overline{x} = 1.8889$, $\overline{y} = 3.4444$, $n_1 = 9$ y $n_2 = 9$, obtenemos

$$d_M = \frac{1.8889 - 3.4444}{\sqrt{\dfrac{1.3611}{9} + \dfrac{7.7778}{9}}} = -1.5436$$

(c) La región crítica o región de rechazo, con un $\alpha = 0.05$ es

$$R_C = (-\infty, t_{g;\alpha}) = (-\infty, t_{11;0.05}) = (-\infty, -1.7959)$$

Los grados de libertad $g = 11$, se han obtenido usando el entero más próximo al valor de

$$\frac{(T_1 + T_2)^2}{\dfrac{T_1^2}{n_1 - 1} + \dfrac{T_2^2}{n_2 - 1}} = \frac{(0.1512 + 0.8642)^2}{\dfrac{0.1512^2}{8} + \dfrac{0.8642^2}{8}} = 10.7172$$

donde $T_1 = 1.3611/9$ y $T_2 = 7.7778/9$.

(d) Como $d_M = -1.5436 \notin R_C$, entonces la muestra no proporciona evidencia suficiente para rechazar la hipótesis nula con un nivel de significación del 5 %.

(e) No podemos rechazar la igualdad del número medio de positivos en ambas formas de recibir el tratamiento, con un nivel de significación del 5 %.

Para concluir con el p-valor tendremos que calcular:

$$p = P[d < d_M] = P[d < -1.5436] = P[t_{11} < -1.5436] = 0.0755$$

Como $p = 0.0755 \geq \alpha = 0.05$ entonces no rechazamos H_0 con un nivel de significación del 5 %. Este contraste no es estadísticamente significativo al ser el p-valor superior a 0.05.

Para resolver el ejercicio con el programa podemos usar dos opciones, mediante R commander o directamente ejecutando instrucciones de R.

En el caso de que hagamos el ejercicio con R commander, introduciremos los datos tal y como se explicaba en el ejemplo 8.1.3. De esta manera, podemos seleccionar el menú

Estadísticos → Medias → Test t para muestras independientes

En la venta emergente que aparecerá tendremos la variable Grupo en la casilla Grupos, y Variable en la casilla Variable explicada. En la pestaña Opciones elegimos las siguientes opciones:

- Hipótesis Alternativa: Diferencia <0

- ¿Suponer varianzas iguales? No

El nivel de confianza dejamos el que viene por defecto.

Para resolver el ejercicio directamente con instrucciones de R debemos introducir los datos del problema utilizando

```
x1 <- c(2, 1, 3, 1, 2, 2, 4, 2, 0)
x2 <- c(1, 2, 7, 1, 4, 5, 0, 3, 8)
```

y para obtener el contraste indicamos

```
t.test(x1, x2, var.equal = FALSE, mu=0, alternative='less')
```

En ambos casos obtenemos lo siguiente

```
Welch Two Sample t-test
```

```
data:   x1 and x2
t = -1.5437, df = 10.717, p-value = 0.07583
alternative hypothesis:
true difference in means is less than 0
95 percent confidence interval:
        -Inf 0.2585195
sample estimates:
mean of x mean of y
 1.888889  3.444444
```

Observamos que los resultados son similares a los obtenidos de forma manual.

10.1.2   Contrastes para la comparación de varianzas

El estadístico del contraste, supuesta H_0 cierta es:

$$d = \mathcal{F}_{exp} = \frac{S_{c_1}^2}{S_{c_2}^2} \sim \mathcal{F}_{n_1-1, n_2-1}$$

y, para un nivel de significación α, las regiones críticas para los diferentes tipos de contrastes aparecen recogidas en la siguiente tabla:

Contraste		Región crítica
$H_0 : \sigma_1^2 = \sigma_2^2$ $H_1 : \sigma_1^2 \neq \sigma_2^2$		$[0, \mathcal{F}_{n,m;\alpha/2}) \cup (\mathcal{F}_{n,m;1-\alpha/2}, +\infty)$
$H_0 : \sigma_1^2 \geq \sigma_2^2$ $H_1 : \sigma_1^2 < \sigma_2^2$	$H_0 : \sigma_1^2 = \sigma_2^2$ $H_1 : \sigma_1^2 < \sigma_2^2$	$[0, \mathcal{F}_{n,m;\alpha})$
$H_0 : \sigma_1^2 \leq \sigma_2^2$ $H_1 : \sigma_1^2 > \sigma_2^2$	$H_0 : \sigma_1^2 = \sigma_2^2$ $H_1 : \sigma_1^2 > \sigma_2^2$	$(\mathcal{F}_{n,m;1-\alpha}, +\infty)$

siendo $n = n_1 - 1$ y $m = n_2 - 1$.

OBSERVACIÓN 10.3 *Con el objetivo de escoger el contraste o el intervalo de confianza adecuado para la comparación de medias poblacionales, es habitual realizar previamente un contraste o un intervalo para comprobar si se pueden asumir varianzas poblacionales iguales.*

Ejemplo 10.1.4 ✎

Diversos estudios criminológicos se centran en el estudio de la edad del primer ingreso de un individuo en prisión y en ellos, además interesa comparar la media de edad del primer ingreso entre reclusos reincidentes y no reincidentes. Para cierta comunidad autónoma se consideran las variables de estudio:

X = "edad del primer ingreso en prisión entre los no reincidentes",
Y = "edad del primer ingreso en prisión entre los reincidentes".

Una m.a.s. de 68 reclusos no reincidentes arrojó $\overline{x} = 21.9$ años y $s_{c_1} = 7.2$ años. De una m.a.s. de 89 reclusos reincidentes se obtuvo $\overline{y} = 16.9$ años y $s_{c_2} = 4.2$ años. Supuesta la normalidad e independencia de las variables consideradas interesa realizar un contraste para comparar las edades medias del primer ingreso en prisión entre reclusos no reincidentes y los que sí lo son. Como son desconocidas las desviaciones típicas poblacionales, debemos en primer lugar hacer un estudio para ver si, aunque desconocidas, estas se pueden considerar similares o no.

Esta misma cuestión fue resuelta con la técnica de los intervalos de confianza. Ahora vamos a realizar el mismo ejercicio pero siguiendo los pasos aprendidos para realizar el contraste de hipótesis oportuno.

(a) Para nuestro objetivo planteamos el contraste

$$H_0 : \sigma_1^2 = \sigma_2^2$$
$$H_1 : \sigma_1^2 \neq \sigma_2^2$$

(b) El estadístico del contraste, supuesta H_0 cierta, es:

$$d = \mathcal{F}_{exp} = \frac{S_{c_1}^2}{S_{c_2}^2}$$

Sustituyendo en la expresión anterior los valores arrojados por la muestra $s_{c_1} = 7.2$ y $s_{c_2} = 4.2$ obtenemos

$$d_M = \frac{7.2^2}{4.2^2} = 2.9388$$

(c) La región crítica o región de rechazo, con un $\alpha = 0.05$ es

$$R_C = [0, \mathcal{F}_{n_1-1,n_2-1;\alpha/2}) \cup (\mathcal{F}_{n_1-1,n_2-1;1-\alpha/2}, +\infty)$$

$$= [0, \mathcal{F}_{67,88;0.025}) \cup (\mathcal{F}_{67,88;0.975}, +\infty) = [0, 0.6314) \cup (1.5618, +\infty)$$

(d) Como $d_M \in R_C$, entonces la muestra proporciona evidencia suficiente para rechazar la hipótesis nula con un nivel de significación del 5 %.

(e) Podemos rechazar la igualdad de varianzas poblacionales, con un nivel de significación del 5 %.

Ejemplo 10.1.5

Con los datos proporcionados en el ejemplo 10.1.3, y mediante el oportuno contraste, estúdiese si las varianzas poblacionales pueden considerarse similares con un nivel de significación del 5 %.

(a) Para nuestro objetivo planteamos el contraste

$$H_0 : \sigma_1^2 = \sigma_2^2$$
$$H_1 : \sigma_1^2 \neq \sigma_2^2$$

(b) El estadístico del contraste, supuesta H_0 cierta, es:

$$d = \mathcal{F}_{exp} = \frac{S_{c_1}^2}{S_{c_2}^2}$$

Sustituyendo en la expresión anterior los valores arrojados por la muestra $s_{c_1}^2 = 1.36$ y $s_{c_2}^2 = 7.78$ obtenemos

$$d_M = \frac{1.36}{7.78} = 0.175$$

(c) La región crítica o región de rechazo, con un $\alpha = 0.05$ es

$$R_C = [0, \mathcal{F}_{n_1-1,n_2-1;\alpha/2}) \cup (\mathcal{F}_{n_1-1,n_2-1;1-\alpha/2}, +\infty) =$$

$$= [0, \mathcal{F}_{8,8;0.025}) \cup (\mathcal{F}_{8,8;0.975}, +\infty) = [0, 0.2256) \cup (4.4333, +\infty)$$

(d) Como $d_M \in R_C$, entonces la muestra proporciona evidencia suficiente para rechazar la hipótesis nula con un nivel de significación del 5 %.

(e) Podemos rechazar la igualdad de varianzas poblacionales, con un nivel de significación del 5 %.

Para resolver el ejercicio con el programa podemos usar dos opciones, mediante R commander o mediante instrucciones de R.

Si utilizamos R commander, en primer lugar seguiremos los pasos descritos en el ejemplo 8.1.3 para *apilar* los datos. Una vez hecho esto, seguiremos los pasos indicados en el ejemplo 8.1.5, pulsando los menús Estadísticos → Varianzas → Test F para dos varianzas. En la ventana emergente elegiremos la variable que queremos analizar, así como la variable de agrupación. Tendremos una pestaña más, Opciones, en la que dejaremos marcadas las opciones predefinidas en el programa, Hipótesis alternativa: Bilateral y 0.95 para el nivel de confianza.

Si utilizamos instrucciones directas de R debemos seguir los pasos descritos en el ejemplo 10.1.3 para introducir los datos y ejecutar la instrucción var.test(x1, x2, conf.level = 0.95).

En ambos casos el resultado obtenido será

```
F test to compare two variances
```

```
F = 0.175, num df = 8, denom df = 8, p-value = 0.02359
alternative hypothesis: true ratio of variances is not
equal to 1
95 percent confidence interval:
 0.03947434 0.77582048
sample estimates:
ratio of variances
            0.175
```

En este caso obtenemos el mismo valor $d_M = 0.175$ y un p-valor de 0.02359. Interpretando la información obtenida concluiremos que no podemos asumir varianzas poblacionales iguales con una significación del 5%, dado que $p = 0.02359 < \alpha = 0.05$. Se trata, por tanto, de un contraste estadísticamente significativo.

10.1.3 Contraste para la comparación de medias con muestras pareadas

En este apartado vamos a estudiar un contraste de hipótesis para comparar las medias de dos poblaciones normales que no pueden suponerse independientes. Como ya se comentó en el tema de intervalos de confianza para dos poblaciones, si por ejemplo se pretende estudiar la efectividad de cierta terapia, tratamiento o acción sobre cierto tipo de delitos o delincuentes, las muestras suelen obtenerse evaluando a los mismos individuos antes y después de la aplicación de la citada terapia, tratamiento u acción. Recordemos que a las muestras así obtenidas se les denomina muestras pareadas.

Sean $(X_1, X_2, \dots, X_n)$ e $(Y_1, Y_2, \dots, Y_n)$ m.a.s. tomadas de las poblaciones no independientes $\mathcal{N}(\mu_1, \sigma_1)$ y $\mathcal{N}(\mu_2, \sigma_2)$, respectivamente. En este caso suele reducirse la información a una sola muestra $(D_1, D_2, \dots, D_n)$, en la que cada $D_i = X_i - Y_i$, $i = 1, 2, \dots, n$. El estadístico del contraste, supuesta H_0 cierta, es:

$$d = t_{exp} = \frac{\overline{D}}{S_{c_D}/\sqrt{n}} \sim t_{n-1}$$

$$\text{donde } \overline{D} = \frac{\displaystyle\sum_{i=1}^{n} D_i}{n} \text{ y } S_{c_D}^2 = \frac{\displaystyle\sum_{i=1}^{n} \left(D_i - \overline{D}\right)^2}{n-1}$$

Para un nivel de significación α, las regiones críticas para los diferentes tipos de contrastes aparecen recogidas en la siguiente tabla:

Contraste		Región crítica
$H_0 : \mu_1 = \mu_2$ $H_1 : \mu_1 \neq \mu_2$		$(-\infty, t_{m;\alpha/2}) \cup (t_{m;1-\alpha/2}, +\infty)$
$H_0 : \mu_1 \geq \mu_2$ $H_1 : \mu_1 < \mu_2$	$H_0 : \mu_1 = \mu_2$ $H_1 : \mu_1 < \mu_2$	$(-\infty, t_{m;\alpha})$
$H_0 : \mu_1 \leq \mu_2$ $H_1 : \mu_1 > \mu_2$	$H_0 : \mu_1 = \mu_2$ $H_1 : \mu_1 > \mu_2$	$(t_{m;1-\alpha}, +\infty)$

siendo en este caso $m = n - 1$.

Ejemplo 10.1.6

Supongamos que un departamento de policía selecciona aleatoriamente una muestra de 35 zonas de alto nivel de criminalidad en cierta ciudad. El departamento asigna un oficial de policía para patrullar durante un mes en cada una de las zonas seleccionadas. Se quiere estudiar si la medida es efectiva para reducir el número de llamadas solicitando el servicio de la policía.

Se tiene información sobre el número de llamadas de emergencia a la policía para el mes anterior a la presencia policial y para el mes durante el cuál la policía estaba presente. Los datos proporcionaron el siguiente resumen muestral: $\overline{x} = 30, \overline{y} = 20$ y $S_{c_D} = 9.2259$.

(a) Como se desean comparar el número de llamadas a emergencia en el mes anterior a la presencia policial (X) y el número de llamadas después (Y), se trata de datos pareados. Teniendo en cuenta la información muestral $\overline{x} = 30 > \overline{y} = 20$, planteamos el contraste

$$H_0 : \mu_1 \leq \mu_2 \quad \text{(La medida no es efectiva)}$$
$$H_1 : \mu_1 > \mu_2 \quad \text{(La medida es efectiva)}$$

(b) El estadístico del contraste, supuesta H_0 cierta, es:

$$d = t_{exp} = \frac{\overline{D}}{S_{c_D}/\sqrt{n}} \sim t_{n-1}$$

Sustituyendo en la expresión anterior $S_{c_D} = 9.2259, \overline{D} = \overline{x} - \overline{y} = 10$ y $n = 35$, obtenemos

$$d_M = \frac{10}{9.2259/\sqrt{35}} = 6.4125$$

(c) La región crítica o región de rechazo, con un $\alpha = 0.05$ es

$$R_C = (t_{n-1;1-\alpha}, +\infty) = (t_{34;0.95}, +\infty) = (1.6909, +\infty)$$

(d) Como $d_M = 6.4125 \in R_C$, la muestra proporciona evidencia suficiente para rechazar la hipótesis nula con un nivel de significación del 5 %.

(e) Podemos decir que la medida adoptada es efectiva (el número medio de llamadas de emergencia a la policía es superior antes de la presencia policial) con un nivel de significación del 5 %.

Para concluir con el p-valor tendremos que calcular:

$$p = P[d > d_M] = P[d > 6.4125] = P[t_{34} > 6.4125] = 1.26073 \cdot 10^{-7}$$

Claramente rechazamos H_0 con un nivel de significación del 5 %. El contraste es muy significativo.

10.2. Contrastes para la comparación de proporciones

Nos disponemos ahora a obtener contrastes de hipótesis en el supuesto de que las variables de interés sigan distribuciones de Bernoulli independientes.

Consideremos dos poblaciones descritas por las variables aleatorias independientes $X \sim \mathcal{B}e(p_1) \equiv \mathcal{B}(1, p_1)$ e $Y \sim \mathcal{B}e(p_2) \equiv \mathcal{B}(1, p_2)$ de las que extraeremos las m.a.s. $(X_1, X_2, \ldots, X_{n_1})$ e $(Y_1, Y_2, \ldots, Y_{n_2})$, respectivamente. Los contrastes que se obtendrán serán aproximados y se requerirán tamaños de muestras suficientemente grandes.

En este caso el estadístico del contraste, supuesta H_0 cierta, es:

$$d = Z_{exp} = \frac{\overline{p}_1 - \overline{p}_2}{\sqrt{\dfrac{\overline{p}_1(1 - \overline{p}_1)}{n_1} + \dfrac{\overline{p}_2(1 - \overline{p}_2)}{n_2}}} \sim \mathcal{N}(0, 1)$$

cuando $n_1 \to \infty$ y $n_2 \to \infty$.

Para un nivel de significación α, las regiones críticas para los diferentes tipos de contrastes aparecen recogidas en la siguiente tabla:

Contraste		Región crítica
$H_0 : p_1 = p_2$ $H_1 : p_1 \neq p_2$		$(-\infty, z_{\alpha/2}) \cup (z_{1-\alpha/2}, +\infty)$
$H_0 : p_1 \geq p_2$ $H_1 : p_1 < p_2$	$H_0 : p_1 = p_2$ $H_1 : p_1 < p_2$	$(-\infty, z_\alpha)$
$H_0 : p_1 \leq p_2$ $H_1 : p_1 > p_2$	$H_0 : p_1 = p_2$ $H_1 : p_1 > p_2$	$(z_{1-\alpha}, +\infty)$

OBSERVACIÓN 10.4 *En la práctica, para obtener una buena aproximación suele usarse como criterio que $n_1 \geq 30$ y que $n_2 \geq 30$.*

Ejemplo 10.2.1

En un estudio llevado a cabo en cierto condado de Arizona los investigadores pretendían examinar si la realización de controles de drogas a aquellos acusados que eran dejados en libertad antes del juicio tenía algún impacto en cuanto a posibles faltas por incomparecencia a las vistas. Compararon

dos grupos de acusados. El primero de ellos fue monotorizado con controles de drogas dos veces a la semana, mientras que el segundo estaba formado por acusados que se dejaron en libertad sin haber pasado ningún tipo de control. La selección fue realizada a lo largo de seis meses y los acusados se asignaban a uno u otro grupo al azar. Se obtuvo una m.a.s. de 118 sujetos del primer grupo y de 116 del segundo (grupo control). El 30 % del primer grupo y el 38 % del grupo de control no comparecieron a las vistas durante el periodo de seguimiento. Los investigadores estaban interesados en saber si se puede inferir a nivel poblacional una diferencia significativa entre las proporciones de incomparecencias de los dos grupos de acusados, con un nivel de significación del 5 %.

(a) Para nuestro objetivo podemos plantear el contraste

$$H_0 : p_1 = p_2$$
$$H_1 : p_1 \neq p_2$$

(b) El estadístico del contraste, supuesta H_0 cierta, es:

$$d = Z_{exp} = \frac{\overline{p}_1 - \overline{p}_2}{\sqrt{\dfrac{\overline{p}_1(1 - \overline{p}_1)}{n_1} + \dfrac{\overline{p}_2(1 - \overline{p}_2)}{n_2}}}$$

Sustituyendo en la expresión anterior los valores arrojados por la muestra $\overline{p}_1 = 0.30, \overline{p}_2 = 0.38, n_1 = 118$ y $n_2 = 116$ obtenemos

$$d_M = \frac{0.30 - 0.38}{\sqrt{\dfrac{0.30 \cdot 0.70}{118} + \dfrac{0.38 \cdot 0.62}{116}}} = -1.2959$$

(c) La región crítica o región de rechazo, con un $\alpha = 0.05$ es

$$R_C = (-\infty, z_{\alpha/2}) \cup (z_{1-\alpha/2}, +\infty)$$

$$= (-\infty, z_{0.025}) \cup (z_{0.975}, +\infty) = (-\infty, -1.96) \cup (1.96, +\infty)$$

(d) Como $d_M \notin R_C$, no tenemos evidencia suficiente para rechazar la hipótesis nula con un nivel de significación del 5 %.

(e) Con el nivel de significación considerado no rechazamos la igualdad de proporciones poblacionales. Es decir, los investigadores concluyeron que los tests sistemáticos de drogas no consiguen un cambio significativo en las faltas por incomparecencia a las vistas.

Si queremos concluir con el p-valor tendremos que calcular:

$$p = 2 \cdot P[d < -1.2959] = 2 \cdot P[Z < -1.2959] = 2 \cdot 0.0975 = 0.1950$$

Como $p = 0.1950 \geq \alpha = 0.05$ entonces no rechazamos H_0 con un nivel de significación del 5 %. Este contraste no es estadísticamente significativo.

En la figura 10.1 representamos gráficamente la relación entre el p-valor, el nivel de significación y la región crítica.

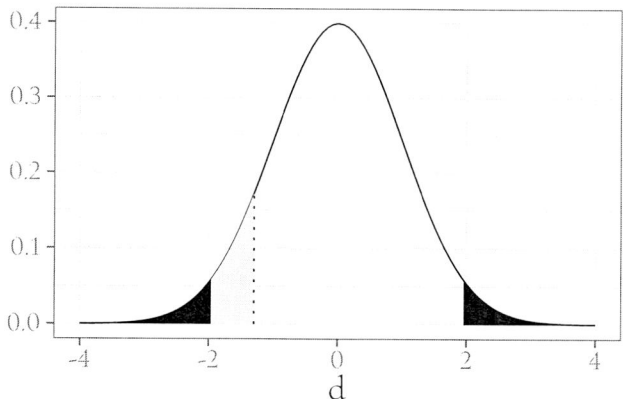

Figura 10.1: El área sombreada en negro corresponde con el nivel de significación ($\alpha = 0.05$), donde se identifican fácilmente las dos partes de la región crítica en el eje horizontal ($R_C = (-\infty, -1.96) \cup (1.96, +\infty)$). La línea punteada indica el valor de la medida de discrepancia en el eje horizontal ($d_M = -1.2959$) y el final del área que se corresponde en este caso con la mitad del p-valor obtenido ($p/2 = 0.0975$).

Para resolver el problema utilizando R, utilizaremos la siguiente instrucción donde indicamos en primer lugar el número de éxitos y después el tamaño de muestra de cada grupo, en el mismo orden.

```
prop.test(x = c(35.4, 44.08), n = c(118, 116),
alternative="two.sided", correct = FALSE)
```

Obtenemos como resultado

```
  2-sample test for equality of proportions
  without continuity correction

data:  c(35.4, 44.08) out of c(118, 116)
X-squared = 1.6691, df = 1, p-value = 0.1964
alternative hypothesis: two.sided
95 percent confidence interval:
 -0.20099021  0.04099021
sample estimates:
prop 1 prop 2
  0.30    0.38
```

Observamos que el p-valor obtenido es similar al calculado de forma manual, por lo que obtendríamos la misma conclusión en ambos casos.

Apéndice A

Primeros pasos en R

En las últimas décadas hemos asistido a un gran avance en los sistemas de adquisición de datos. Esto ha provocado que podamos acceder a un volumen ingente de información, que junto a la complejidad en los formatos, hace necesario el uso del ordenador para realizar, de forma rápida y eficaz, los análisis estadísticos.

Por tanto, es prioritario que el estudiante de Criminología adquiera competencias en el manejo de una herramienta informática que le ayude a la resolución de problemas a partir de fuentes de datos relacionadas con la criminalidad.

En este sentido, la gran variedad de *software* estadístico disponible en el mercado, hace que nos planteemos qué tipo de programas sería el adecuado para aplicar las técnicas estadísticas estudiadas. En nuestra Universidad se han utilizado, entre otros, SPSS, Statgraphics, Matlab, etc. Sin embargo, nosotros optaremos por el proyecto de estadística computacional R junto con la interfaz de usuario R commander.

A.1. ¿Por qué utilizamos R?

Actualmente hay gran cantidad de software que podría ser válido para realizar análisis estadísticos. Sin embargo, algunos programas estadísticos van más allá de aplicar una serie de funciones a un conjunto de datos, pudiendo extender las funciones predefinidas en el programa base a otras de interés para el análisis.

En la actualidad **Python** y **R** son dos de los lenguajes de programación más utilizados en el análisis de datos, pudiendo encontrar entornos de programación completos que facilitan la creación de funciones y librerías para los estudios más avanzados (**Rstudio**, **Rodeo**, **Spyder**, etc.).

Brevemente podemos decir que **R** es un entorno estadístico multiplataforma (lo podemos utilizar en sistemas Windows, GNU-Linux o MacOSX) con licencia GNU, es decir, *software libre*. Existe un equipo fijo que desarrolla el núcleo del programa, y un gran número de desarrolladores voluntarios creando librerías que facilitan a los investigadores sus análisis.[1]. Existen varias razones a favor del uso de **R** en el ámbito universitario. Los principales beneficios para un estudiante podrían resumirse en:

1. **R** es gratuito.
2. Los análisis pueden ser reproducibles desde el punto de vista científico.
3. **R** tiene un excelente sistema de ayuda.
4. **R** tiene un excelente sistema gráfico.
5. Los usuarios puede migrar fácilmente de software comercial (**SPSS**, **Statgraphics**, **S-Plus**) a **R**.
6. **R** posee un sistema de programación muy potente, incluyendo funciones estadísticas preinstaladas en el programa.
7. Los estudiantes de **R** pueden ampliar el potencial del programa utilizando funciones programadas por ellos mismos.

Sin embargo, no todo son beneficios, también existen inconvenientes:

1. Tiene una interfaz gráfica muy limitada. Esto significa que será "duro", al principio, aprender a utilizar la *consola de comandos* por sí sola.

2. No hay soporte comercial. Sin embargo, hay que reconocer que los foros, y las listas de distribución suelen aportar más ayuda que el servicio técnico de los programas.

3. El lenguaje utilizado en la consola de comandos es un lenguaje de programación, y por tanto, el estudiante debe aprender la sintaxis básica de programación

---

[1]Página web del proyecto **R** es `http://www.r-project.org`

A.1.1   ¿Qué es **R commander**?

Como hemos apuntado anteriormente, el primer inconveniente con el que se encuentra un usuario no experimentado es la limitación de la interfaz gráfica. Podemos encontrar varias soluciones para este problema, es decir, interfaces gráficas "amigables" que permiten al usuario trabajar mediante el uso de menús y ventanas emergentes. De dichas interfaces gráficas, cabe destacar: R commander [2] y Jamovi [3].

La Universidad de Cádiz, y en concreto el Departamento de Estadística e Investigación Operativa, ha apostado fuerte por el paquete estadístico R y la interfaz gráfica R commander, creando, a partir de ella, un proyecto propio llamado R-UCA, disponible para Windows y Linux. [4]

A.2.   El paquete **R-UCA**

El proyecto R-UCA nos ofrece el software estadístico R, la interfaz gráfica R commander y una selección de *paquetes* de uso frecuente. Los paquetes son extensiones del programa que facilitan en algún sentido la funcionalidad del mismo. Las ventajas de usar R-UCA podrían resumirse en:

1. Se instala en un único paso.
2. Permite instalar R en un ordenador sin conexión a Internet.
3. La interfaz gráfica R commander se activa al iniciar el programa.
4. En caso de desinstalación se borran todos los ficheros de R-UCA.

La **última versión estable** del paquete puede descargarse en

$$\texttt{http://knuth.uca.es/R/R-UCA}$$

El proyecto R-UCA proporciona una página web con información detallada de manuales y libros propios [5], así como una muestra de materiales con posibilidad de acceso a Internet:

---

[2]Más información en `http://knuth.uca.es/moodle/course/view.php?id=51`
[3]Más información en `https://www.jamovi.org/`
[4]Más información en `http://knuth.uca.es/R/doku.php`
[5]Debemos tener en cuenta que en el tiempo de elaboración de estas prácticas pueden haber aparecido nuevos manuales de ayuda.

```
http://knuth.uca.es/R/doku.php?id=documentacion
```

Cabe destacar el manual *Estadística Básica con R y R commander* [Arr+08] así como el curso *Introducción a R y R commander* en dicha página web.

A.2.1 Instalación del paquete y primera pantalla

Una vez accedamos a la dirección `http://knuth.uca.es/R/R-UCA`, aparecerá automáticamente una ventana para descargar un archivo ejecutable. Guardamos este archivo (en el escritorio por ejemplo), y una vez descargado, lo ejecutamos y procedemos a instalar el programa.

Si hemos instalado el paquete R-UCA, cada vez que iniciemos el programa se activará automáticamente R commander. En caso de que la ventana de R commander no aparezca, pruebe a teclear lo siguiente en la *consola de comandos*:

```
> library(Rcmdr)
```

Si no obtiene ninguna respuesta con la instrucción anterior, significará que el paquete R commander está cargado, pero la ventana principal no se ha activado aún. Pruebe entonces a teclear:

```
> Commander()
```

El aspecto de la ventana principal puede verse en la figura A.1. Los elementos que la componen son: *título de la ventana, barra con menús desplegables, barra para el tratamiento de datos, ventana de instrucciones (con botón ejecutar), ventana de resultados y mensajes.* El acceso a cada uno de los elementos anteriores se realiza mediante el ratón. Específicamente, la barra de menús desplegables contiene:

Fichero... Cambia el directorio de trabajo, abre/guarda las instrucciones dadas en una sesión de trabajo, guarda los resultados obtenidos en la sesión de trabajo, guarda el entorno completo de trabajo.

Editar... Opciones para cortar, copiar, pegar, borrar, buscar, etc.; para las ventanas de instrucciones y resultados.

Datos... Gestión de datos.

Estadísticos Cálculo y aplicación de técnicas estadísticas.

Gráficos... Representación de gráficos.

Figura A.1: Ventana principal de R commander

Modelos Aplicación de modelos específicos para el análisis de datos.

Distribución... Creación de muestras, cálculo de cuantiles, probabilidades de modelos probabilísticos (continuos y discretos).

Herramientas... Carga paquetes y establece las preferencias de R commander.

Ayuda... Ayuda de R commander.

A.2.2 Instalar paquetes adicionales

Como hemos apuntado anteriormente, el proyecto R-UCA trae instalados de forma predefinida varios paquetes específicos para su uso. Sin embargo, el estudiante podría necesitar paquetes adicionales diferentes a los instalados de forma predefinida. Veremos a continuación los pasos para instalar y cargar, por ejemplo, el paquete llamado **samplingbook**[6].

La siguiente instrucción instalará el paquete mencionado:

```
install.packages("samplingbook", dependencies = TRUE)
```

Si nos apareciese una ventana para el elegir *Secure CRAN mirrors* deberemos seleccionar una de las opciones disponibles (por ejemplo **0-Cloud [https]**)

---

[6]Más información en `https://www.rdocumentation.org/packages/ samplingbook/versions/1.2.4`

y pulsar **Aceptar**. Debemos esperar unos segundos a que se lleve a cabo la instalación. El tiempo de espera dependerá del paquete a instalar.

Una vez instalado el paquete, para utilizarlo debemos cargarlo primero. Para cargarlo tenemos dos opciones:

- Usar el menú **Herramientas ->Cargar paquetes**, seleccionar el nombre del paquete y pulsar **Aceptar**.

- Utilizar la instrucción: **library("samplingbook")**

Hemos utilizado como ejemplo el paquete de nombre **samplingbook** pero se podrá instalar cualquier otro paquete utilizando el nombre correspondiente.

A.3.   El conjunto de datos

R commander dispone de tres modos fundamentales para la carga de conjuntos de datos: (1) de forma manual, (2) mediante la importación de archivos con formatos externos y (3) haciendo uso de los datos de ejemplos presentes en los *paquetes* instalados. La opción de cada uno de estos modos dependerá del usuario, y del estudio que se esté llevando a cabo.

A.3.1   Carga de datos de forma manual

Cargar datos dados por extensión

Para crear un nuevo fichero de datos, pulsamos en el menú
Datos → Nuevo conjunto de datos... (figura A.2).
Aparecerá una ventana que nos pedirá un nombre para el conjunto de datos que vamos a crear. De forma predefinida, dicho nombre es *Dataset*, pero es conveniente cambiarlo por uno más acorde al tipo de estudio que estemos realizando.

Cuando aceptamos el nuevo nombre, aparece otra ventana, al estilo de las hojas de cálculo clásicas. En esta ventana, **cada columna corresponde a una variable estadística, y cada fila a un individuo al que se le han medido las variables** (figura A.3). En algunas instalaciones puede darse el caso de que esta ventana aparezca vacía, esto se debe a que en el sistema falta la librería **Tktable**, y tendrá que ser instalada manualmente por el usuario según el sistema operativo que tenga.

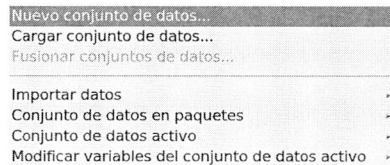

Figura A.2: Creando nuevo conjunto de datos

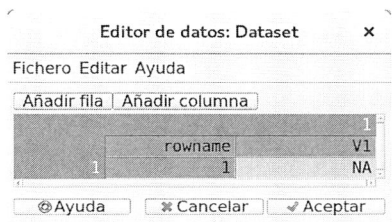

Figura A.3: Matriz de datos

Tendremos que añadir una columna por cada variable estadística que tengamos en el estudio, y una fila por cada individuo. Si para alguno de los individuos no hubiéramos medido alguna de las variables (dato faltante), introduciremos NA en dicha casilla (del inglés *Not Available*).

Se deben introducir los números decimales mediante el punto, y no la coma. Vamos tecleando los datos en la columna correspondiente a la variable tratada. Pasaremos de una celda a otra con las teclas *Enter*, *flecha arriba* o *flecha abajo*. Para movernos entre columnas, pulsaremos la tecla *tabulador*. Finalmente, y muy importante, **hay que cerrar esta ventana para poder hacer los diferentes análisis estadísticos**.

Ejemplo A.3.1

Se recoge información [a] relativa a las víctimas de violencia de género menores de 18 años (con orden de protección o medidas cautelares) que se produjeron en las comunidades autónomas de la cornisa cantábrica en año 2013. La información se resume en la siguiente tabla de frecuencias:

Comunidad Autónoma	Número de víctimas (n_i)
Asturias, Principado de	3
Cantabria	8
Galicia	16
País Vasco	11

El nombre para el conjunto de datos será `DatosViolenciaGenero`. Además, cambiaremos el nombre y tipo de la variable estadística `var1`, llamándola `Comunidades`. Observe que la variable es de tipo cualitativo; **R commander** reconocerá este tipo de variable una vez hallamos metido texto en una de las casillas.

_____

[a]Fuente: Explotación estadística del Registro central para la protección de las víctimas de la violencia doméstica y de género.

Cargar datos dados por tabla de frecuencias

En determinadas ocasiones los datos vendrán recogidos en una tabla de frecuencias, bien porque la cantidad de datos disgregados resulte prohibitivo para la propuesta de un ejercicio en el libro de texto, bien porque el ejercicio propuesto provenga de un estudio donde ya se ha realizado un análisis básico previo. En esos casos, el conjunto de datos habrá que darlo de alta a través del terminal. A continuación ilustraremos a través de dos ejemplos como: (1) cargar los datos dados por una tabla de frecuencias para una variable y (2) cargar los datos dados por una tabla de frecuencias conjuntas para dos variables.

Ejemplo A.3.2

La siguiente orden sirve para introducir los mismos datos que en el ejemplo anterior. Es decir los datos de una variable dados por una tabla de frecuencias.

```
valores <- c("Asturias", "Cantabria",
    "Galicia", "P.Vasco")
frecuencias <- c(3,8,16,11)
```

```
Datos <- data.frame(
    Comunidades = rep(valores, frecuencias)
    )
```

Las órdenes anteriores crean un conjunto de datos llamado **Datos** que tendrá una variable llamada **Comunidades** donde se repetirán las palabras Asturias, Cantabria, Galicia y P. Vasco; un total de 3, 8, 16 y 11 veces, respectivamente.

Ejemplo A.3.3

Vamos a trabajar ahora como introducir una tabla de correlación. Supongamos que en una empresa se toma una muestra de 100 trabajadores con la finalidad de realizar un estudio sobre la posible relación entre la edad, expresada en años, X, y el número de días que están de baja al año, Y. Los datos recogidos son los que se presentan en la siguiente tabla:

$x_i \setminus y_j$	10	30
24	28	6
35	36	25

Para introducir los datos de manera intuitiva podemos transformar esta tabla en la siguiente tabla auxiliar:

x_i	24	24	35	35
y_j	10	30	10	30
n_{ij}	28	6	36	25

A continuación utilizamos las siguientes instrucciones:

```
xi <- c(24, 24, 35, 35)
yj <- c(10, 30, 10, 30)
nij <- c(28, 6, 36, 25)
Datos <- data.frame(X = rep(xi, nij), Y = rep(yj, nij))
```

Las órdenes anteriores crean un conjunto de datos llamado `Datos` que tendrá una variable llamada `X` (donde se repetirán los valores 24, 24, 35, 35; un total de 28, 6, 36, 25 veces, respectivamente) y otra variable llamada `Y` (donde se repetirán los valores 10, 30, 10, 30; un total de 28, 6, 36, 25 veces, respectivamente).

Otra forma posible para introducir los datos más directa (sin utilizar la tabla auxiliar) pero quizás menos intuitiva para el estudiante es utilizando las siguientes instrucciones:

```
xi <- c(24, 35)
yj <- c(10, 30)
nij <- c(28, 6, 36, 25)
vars   <- expand.grid(list(yj = yj , xi = xi))
tabla  <- data.frame(vars, nij = nij)
X <- rep(tabla$xi, tabla$nij)
Y <- rep(tabla$yj, tabla$nij)
Datos <- data.frame(X,Y)
```

En ambos casos habremos cargado los datos proporcionados en este ejemplo.

Guardar los datos cargados

Es recomendable guardar los datos para no volver a teclearlos en la siguiente sesión de trabajo. Tenemos dos formas de hacerlo:

1. En formato R, para cargarlos directamente en la siguiente sesión
   `Datos→ Conjunto de datos activo→ Guardar el cojunto de datos activo...`

2. En formato fácilmente legible por otros programas estadísticos
   `Datos→ Conjunto de datos activo→ Exportar el cojunto de datos activo...`

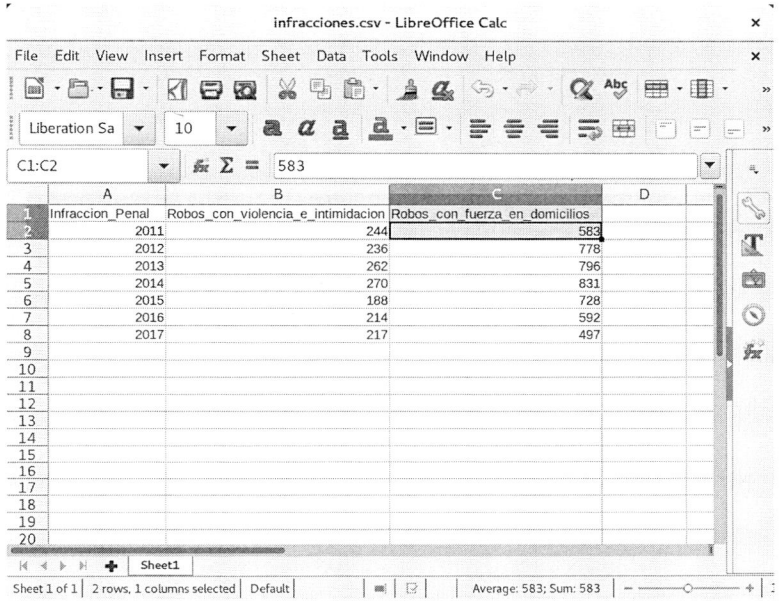

Figura A.4: Ventana con los datos formateados en el programa LibreOffice Calc. Las columnas representan a las variables, las filas a cada uno de los valores por año. Obsérvese que los nombre de las columnas no tiene tildes ni separaciones para evitar problemas de lectura en R commander

A.3.2   Carga de datos mediante importación

Generalmente, el conjunto de datos con los que vamos a trabajar no tendrán el formato R (extensión de archivo acabada en `.Rdata`). En su lugar tendremos archivos en otros formatos de algún software específico (LibreOffice Calc, Microsoft Excel, iWork, etc.). En este caso, será recomendable exportar los datos a un formato fácilmente legible por R, por ejemplo el formato CSV [7].

Para que el proceso de exportación y posterior carga en R se realice con éxito, cada variable debe estar registrada en una columna, y cada fila debe contener a un individuo de la muestra en estudio. Además, es conveniente que cada columna esté encabezada con el nombre de la variable. La figura A.4 muestra los datos en el programa LibreOffice Calc. Es conveniente que los datos ausentes se tecleen como NA, del inglés *Not Available*.

---

[7]CSV proviene del inglés Comma Separated Values.

R Commander

Fichero Editar Datos Estadísticos Gráficas Modelos Distribuciones Herramientas Ayuda

Conjunto c Nuevo conjunto de datos...   Editar conjunto de datos Visualizar conjunto de c
R Script R Ma Cargar conjunto de datos...
Fusionar conjuntos de datos...

Importar datos   desde archivo de texto, portapapeles o URL...
Conjunto de datos en paquetes   ·desde datos SPSS...
Conjunto de datos activo   ·desde un archivo SAS exportado...
Modificar variables del conjunto de datos activo   ·desde un archivo SAS b7dat...
                                                          desde datos Minitab...
                                                          desde datos STATA...
                                                          desde un archivo de Excel...

Salida

Figura A.5: Características de los datos a importar.

Una vez que los datos hayan sido exportados a un archivo con formato CSV, por ejemplo `Infracciones.csv`, podrán ser cargados por R commander mediante los menús `Datos → Importar Datos → desde archivo de texto, portapapeles o URL...` (figura A.5). En este punto aparecerá una nueva ventana en la que habrán de especificarse las características de los datos en el archivo. Es importante saber qué tipo de separador se utilizó en la exportación a CSV y qué símbolo se ha utilizado para los decimales (coma o punto).

En nuestro caso, el separador de valores fue el punto y coma, y la separación entre decimales la coma. Así pues, seleccionamos estas opciones en la ventana (figura A.6):

Nombre del conjunto de datos: Infracciones

Nombre de variables en el fichero: seleccionado

Indicador de datos ausentes: NA

Localización del archivo de datos: Sistema de archivo local

Separador de campos: Punto y coma [;]

Carácter decimal: Coma [,]

Al pulsar `Aceptar` aparecerá una ventana para la búsqueda del archivo a importar. Seleccionamos el directorio que contiene a `Infracciones.csv` y lo elegimos aceptando de nuevo la ventana. Inmediatamente en la ventana de R commander aparecen instrucciones, resultados y mensajes en sus respectivas ventanas. Obsérvese que la instrucción

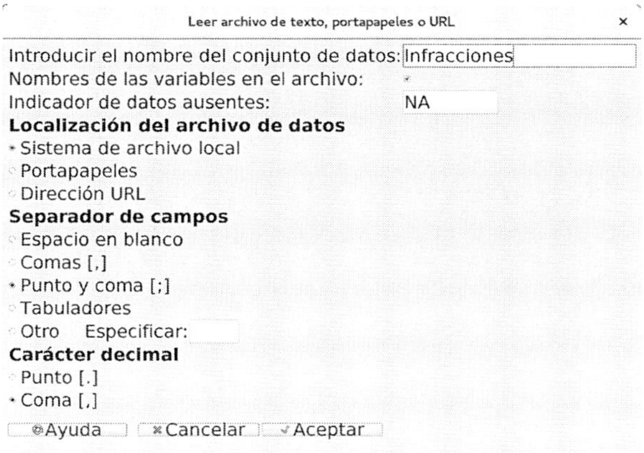

Figura A.6: Características de los datos a importar.

```
infracciones <- read.table("infracciones.csv",
header=TRUE, sep=";", na.strings="NA", dec=",",
strip.white=TRUE)
```

es el código necesario que habría que utilizar (¡y aprender!) en la consola de comandos de R si no tuviéramos R commander.

A.3.3 Carga de datos mediante paquetes instalados

En la instalación básica de R se instalan gran cantidad de paquetes cuya misión es, entre otras muchas, facilitar/evitar al usuario la tarea de la programación de funciones complejas[8]. Estos paquetes contienen conjuntos de datos que sirven para comprobar que las funciones contenidas en él funcionan. Sin embargo, el usuario puede utilizar estos conjuntos de datos para otros propósitos, y por tanto será conveniente saber cómo acceder a los mismos. Para comprobar a qué datos podemos acceder basta con seleccionar los menús Datos $\rightarrow$ Conjunto de Datos en Paquetes $\rightarrow$ Lista de conjunto de datos en paquetes. Se abrirá entonces una ventana que mostrará el nombre del conjunto de datos y una pequeña descripción del mismo.

Si estuviéramos interesados en alguno de ellos, basta con seleccionar los menús Datos $\rightarrow$ Conjunto de datos en paquetes $\rightarrow$ Leer datos desde paquete adjunto, y se abrirá la correspondiente ventana, eligiendo de

---

[8]Pueden encontrase en https://cran.r-project.org/web/packages/

ella el paquete en cuestión. En caso de pulsar sobre `Ayuda sobre el cojunto de datos seleccionado` obtendremos una ventana con una breve descripción de los datos que queremos cargar.

A.4. Modificación del conjunto de datos

Los datos que se han introducido pueden necesitar modificaciones. Basta pulsar el icono `Editar conjunto de datos` y aparecerá de nuevo el editor de datos para introducir más filas, o definir nuevas variables. Observe que el editor de datos tiene las opciones típicas de edición: Copiar, Pegar o Borrar.

En otros casos, necesitaremos generar otras variables a partir de las existentes. Para ello utilizaremos la opción `Modificar variables del conjunto de datos activo` del menú `Datos`.

A.4.1   Recodificar variables

Opcion utilizada para recodificar variables numéricas y factores en nuevos factores (por ejemplo mediante la combinación de sus valores). En caso de elegir varias variables, el nombre utilizado para la recodificación se utilizará como prefijo de las variables recodificadas.

Ejemplo A.4.1

A partir de los datos en la figura A.4 vamos a realizar una **recodificación** de la variable `Robos_con_fuerza_en_domicilios` para transformarla en una nueva variable cualitativa (factor) llamada `RobosFactor` con tres niveles: `Bajo`, `Moderado` y `Alto`.

Para ello pulsaremos en los menús `Datos → Modificar variables del conjunto de datos activo → Recodificar variables`, ver figura A.7. Observemos que la casilla `Convertir cada nueva variable en factor está activada`. Además hemos tenido que introducir unas *directrices de recodificación* en la casilla correspondiente, es decir, tenemos que decir al programa cómo queremos que salga la nueva variable a partir de la antigua. En este caso hemos optado por:

```
400:600 = "Bajo"
```

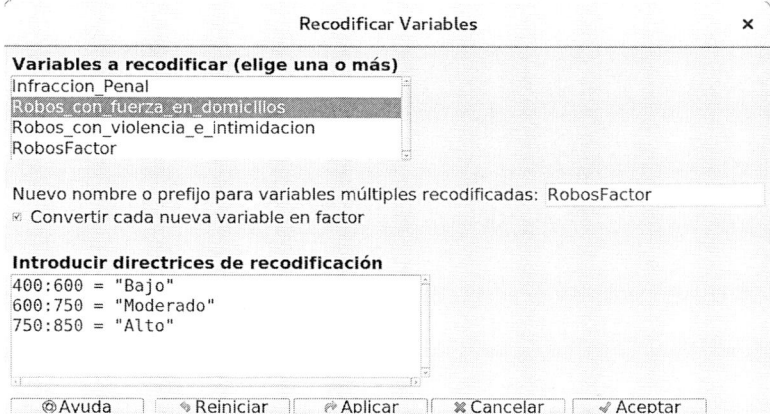

Figura A.7: Recodificación de las variables en la base de datos.

```
600:750 = "Moderado"
750:850 = "Alto"
```

Es decir, los valores entre 400 y 600 robos serán asignados en la nueva variable al nivel/etiqueta `Bajo`, entre 600 y 750 robos al nivel `Moderado`, etc. Dejamos al estudiante que investigue y responda a la pregunta, ¿qué nivel se asignará a un número de robos con fuerza en domicilios igual a 750?

A.4.2   Calcular una nueva variable

Mediante una fórmula matemática pueden calcularse nuevas variables a partir de las variables en el conjunto de datos activo.

Ejemplo A.4.2

Siguiendo con el mismo conjunto de datos del ejemplo anterior, crearemos una nueva variable a partir de otras mediante operaciones matemáticas entre ellas. Este procedimiento se realizará a través del menú `Calcular una nueva variable`, ver figura A.8. Solo con fines explicativos, hemos dividido dos de las variables que hay en el conjunto de datos. Así pues, en

la casilla **Expresión a calcular** hemos introducido

Robos_con_fuerza_en_domicilios/Robos_con_violencia_e_intimidacion

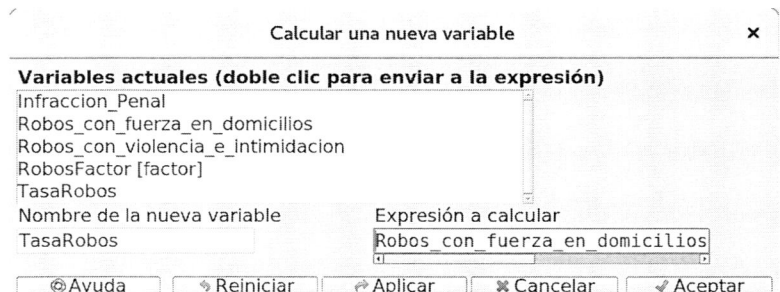

Figura A.8: Cálculo de una nueva variable. En este caso hemos dividido dos variables existentes en el conjunto de datos.

A.4.3   Convertir variable numérica en factor

En el caso de que tengamos una variable cuantitativa con un número pequeño de valores, puede ser conveniente recodificarla como un factor con distintos niveles. Si bien la recodificación puede llevarse a cabo siguiendo lo pasos explicados en el ejemplo anterior, existe un menú que agiliza el proceso en la asignación: **Datos → Modificar variables del conjunto de datos activo → Convertir variable numérica en factor**.

Ejemplo A.4.3

En este caso, queremos convertir la variable numérica **Robos con fuerza en domicilios** en un factor llamado **RobosConFuerzaFactor** con tantos niveles como valores haya. Además los niveles de este factor se crearán automáticamente ya que hemos elegido la opción **Utilizar números**, ver figura A.9.

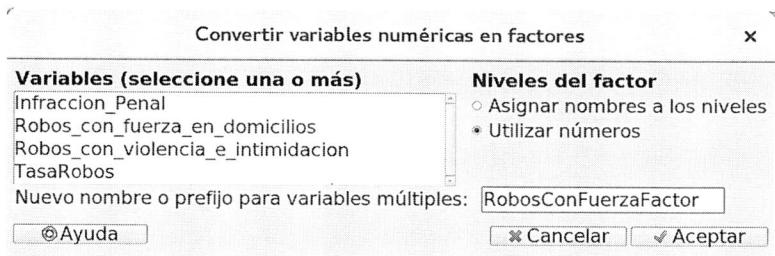

Figura A.9: Creamos un nuevo factor a partir de una variable numérica. En este caso los niveles se han asignado automáticamente.

A.4.4   Segmentar una variable numérica

En alguno de los estudios que llevemos a cabo, nos podría interesar *segmentar* una variable numérica en un determinado número de clases (intervalos). Es decir, crear un factor a partir del agrupamiento en clases de la variable numérica. Este proceso se realiza mediante el menú `Segmentar una variable numérica`.

Ejemplo A.4.4

Queremos segmentar la variable `Robos con fuerza en domicilios` del ejemplo anterior en tres intervalos (clases). Para ello utilizaremos los menús `Datos → Modificar variables del conjunto de datos activo → Segmentar variable`. Llamaremos a la nueva variable `RFDsegmentada`, eligiendo uno de los `Métodos de segmentación` que nos proporciona R commander. El programa nos ofrece tres:

Segmentos equidistantes: intervalos con la misma anchura.

Segmentos de igual cantidad: intervalos que contengan la misma cantidad de elementos (misma frecuencia).

Segmentos naturales: intervalos en los que sus elementos se agrupan por el algoritmo de las K-medias.

En nuestro caso elegiremos los `Rangos` y `Segmentos equidistantes`, ver la figura A.10.

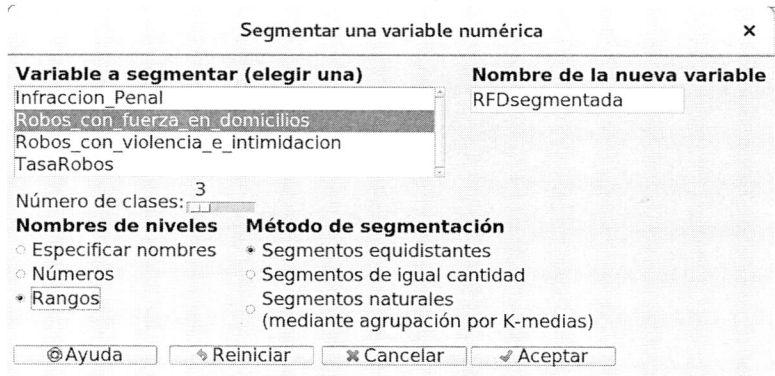

Figura A.10: Segmentamos una variable numérica con tres clases/intervalos en los que aparezcan los rangos de segmentos equidistantes.

Además de las opciones comentadas anteriormente existen otras que no necesitan mayor explicación:

Añadir número de observaciones al conjunto de datos... añade una nueva variable numérica (`ObsNumber`) que contiene el número de observación para cada uno de los elementos de la muestra.

Tipificar variables... Tipifica la variable designada y crea una nueva variable con media 0 y desviación típica 1 llamada `Z.nombredevariable`.

Reordenar niveles de factor... se reordenan los niveles de un factor, pudiéndose asumir ordenados.

Renombrar variables... cambia los nombre de una o varias variables.

Eliminar variables del conjunto de datos... no necesita explicación.

Recursos bibliográficos

Webgrafía

[CIS]   CIS. *Página Oficial del Centro de Investigaciones Sociológicas*. `http: //www.cis.es/`. [Consultada 07-04-2022].

[DGT]   DGT. *Página Oficial de la Dirección General de Tráfico*. `http://www. dgt.es/es/`. [Consultada 07-04-2022].

[EUR]   EUROSTAT. *Portal de la Oficina Europea de Estadística*. `http://ec. europa.eu/eurostat`. [Consultada 07-04-2022].

[INE]   INE. *Portal del Instituto Nacional de Estadística*. `http://www.ine. es/`. [Consultada 07-04-2022].

[MIR]   MIR. *Página Oficial del Ministerio del Interior*. `http://www.interior. gob.es/`. [Consultada 07-04-2022].

Bibliografía

[Arr+08] A. J. Arriaza Gómez y col. *Estadística básica con R y R-Commander*. Servicio Publicaciones UCA, 2008.

[Bru12]   C. W. Bruce. «El análisis de umbral». En: *Análisis delictual: técnicas y metodologías para la reducción del delito*. Ed. por F. Varela Jorquera. 1.ª ed. Santiago, Chile: jun. de 2012, págs. 88-97.

[DC01]   J. L. Díez Ripollés y A. I. Cerezo Domínguez. *Los problemas de la investigación empírica en criminología: La situación española*. Instituto Andaluz Interuniversitario de Criminología, 2001.

[Dea84]   H. A. Deadman. «Fiber evidence and the Wayne Williams trial: Conclusion». En: *FBI Law Enforcement Bulletin* 53.5 (1984), págs. 10-19.

[FF95]   C. Fernández y F. Fuentes. *Curso de Estadística Descriptiva.(Teoría y Práctica)*. 1995.

[FL01]   M. O. Finkelstein y B. Levin. *Statistics for lawyers*. Springer, 2001.

[FLF09]   J. A Fox, J. A. Levin y D. Forde. *Elementary statistics in criminal justice research*. Pearson Higher Ed, 2009.

[FR06]   V. A. Fernández y N. Ruiz Fuentes. *Muestreo estadístico en poblaciones finitas*. Septem Ediciones, 2006.

[Góm05]   M. A. Gómez Villegas. *Inferencia estadística*. Ediciones Díaz de Santos, 2005.

[GRR06]   J. A. García, C. Ramos y G. Ruiz. *Estadística empresarial*. España: Servicio Publicaciones UCA, 2006.

[Hay02]   B. Hayes. «Computing Science: Statistics of Deadly Quarrels». En: *American Scientist* 90.1 (2002), págs. 10-15.

[Hil65]   E. R. Hilgard. *Hypnotic susceptibility*. Harcourt, Brace & World, 1965.

[LU00]   M. S. Lee y J. T. Ulmer. «Fear of Crime Among Korean Americans in Chicago Communities». En: *Criminology* 38.4 (2000), págs. 1173-1206.

[McS+19] B. B. McShane y col. «Abandon Statistical Significance». En: *The American Statistician* 73.sup1 (2019), págs. 235-245.

[NAD10]   E. Norza, J. Aparicio y J. Díaz. «Guía para la Investigación Criminológica en el Observatorio del Delito». En: *Investigación Criminológica* 1 (2010).

[Pas+06] S. Pastor y col. *Experiencias y buenas prácticas en gestión de calidad aplicadas a la administración de justicia, información y transparencia judicial y atención al ciudadano. Capítulo II. Relación de buenas prácticas.* FIIAPP. Proyecto EuroSocial–Justicia, 2006.

[PL97]   R. Pérez Suárez y A. J. López Menéndez. *Análisis de datos económicos II. Métodos Inferenciales*. 1997.

[Poz+14] F. Pozo Cuevas y col. *Introducción al análisis de datos cuantitativos en criminología*. Tecnos, 2014.

[Que69]   A. Quetelet. *Physique sociale, ou essai sur le développement des facultés de l'homme*. Vol. 2. C. Muquardt, 1869.

[Ric44]   L. F. Richardson. «The distribution of wars in time». En: *Journal of the Royal Statistical Society* 107.3/4 (1944), págs. 242-250.

[RM06]   L. Ruiz-Maya y F. J. Martín Pliego. *Fundamentos de probabilidad*. AC, Madrid, 2006.

[Tho12]   S. K. Thompson. *Sampling, Third Edition*. John Wiley & Sons, Inc., 2012.

[WB07]   D. Weisburd y C. Britt. *Statistics in criminal justice*. Springer Science & Business Media, 2007.

[Wil09]   F. P. Williams. *Statistical concepts for criminal justice and criminology*. Pearson Prentice Hall, 2009.

[Wil27]   E. B. Wilson. «Probable Inference, the Law of Succession, and Statistical Inference». En: *Journal of the American Statistical Association* 22.158 (1927), págs. 209-212.

[WM08]   J. Walker y S. Maddan. *Statistics in criminology and criminal justice: Analysis and interpretation*. Jones & Bartlett Learning, 2008.